Nazia Siddiqui
Saleem Javed

Análise Conformacional Mecânica Quântica de Inositóis

Nazia Siddiqui
Saleem Javed

Análise Conformacional Mecânica Quântica de Inositóis

Análise Conformacional de Inositóis usando os métodos DFT, MP2, PCM e MTA

ScienciaScripts

Cover image: www.ingimage.com

This book is a translation from the original published under ISBN 978-3-659-75013-7.

Publisher:
Sciencia Scripts
is a trademark of
Dodo Books Indian Ocean Ltd. and OmniScriptum S.R.L publishing group

120 High Road, East Finchley, London, N2 9ED, United Kingdom
Str. Armeneasca 28/1, office 1, Chisinau MD-2012, Republic of Moldova, Europe
Printed at: see last page
ISBN: 978-620-7-95593-0

Índice:

Análise Conformacional Mecânica Quântica de Inositóis

Nazia Siddiqui
&
Saleem Javed
DEPARTAMENTO DE QUÍMICA
INSTITUTO INDIANO DE TECNOLOGIA DE KANPUR
ÍNDIA

Dedicado ao meu amado
Pais e
marido

Agradecimentos

Gostaria de expressar a minha sincera gratidão ao meu orientador de tese, Dr. Gurunath Ramanathan, pelo seu apoio, encorajamento e orientação e por me ter incentivado a escrever este livro. Aproveito esta oportunidade para agradecer à sua família pelo seu afeto.

Gostaria de aproveitar esta oportunidade para expressar o meu percurso de doutoramento no IIT Kanpur, que foi bastante diferente dos outros. Tive a minha quota-parte de altos e baixos durante o meu período de investigação. F. A. Khan, que deixou o Instituto ao fim de um ano, e passei para o domínio da investigação bio-orgânica sob a supervisão do Prof. R. Gurunath. Iniciei o trabalho experimental no seu grupo. No início, esforcei-me por manter o ritmo dos meus projectos e concluí-los com êxito. Mas, "o homem propõe, Deus dispõe" aplica-se no meu caso. Em 2012, sofri um grave acidente de incêndio no laboratório. Estive confinado à cama durante cerca de dois meses e demorei quase 6 a 8 meses a recuperar das queimaduras químicas. Foi um período muito doloroso e difícil na minha carreira académica. Depois disso, a conselho dos médicos e dos académicos, tive de mudar o meu campo de trabalho para os aspectos teóricos da química: comparativamente, um campo novo e desconhecido para mim, onde tive de trabalhar arduamente. R. Gurunath, que me deu liberdade suficiente para explorar este novo domínio por mim próprio e me ajudou a ultrapassar muitas situações críticas e a concluir esta dissertação. Por último, mas não menos importante, isto não teria sido possível sem o apoio, o encorajamento e a motivação dos meus pais e do meu marido, que estiveram sempre presentes para me ajudar sempre que foi necessário.

Gostaria de agradecer ao Prof. M. L. N. Rao, ao Prof. J. N. Moorthy, ao Prof. V. K. Yadav, ao Prof. P. K. Bharadwaj, ao Prof. S. P. Rath e ao Prof. J. K. Bera por me terem ensinado durante o meu curso no IIT Kanpur.

Estou grato ao Prof. S. Gadre por ter dado sugestões e conselhos valiosos relacionados com o meu trabalho. Estou muito grato ao meu colaborador, Dr. M. M. Deshmukh, e ao seu aluno V. Singh, que me ajudaram no projeto do inositol. Expresso também um agradecimento especial ao Dr. M. M. Deshmukh por todos os comentários perspicazes, pela ajuda e pelos conselhos de que necessitei durante os momentos difíceis.

Deseja-se sempre ter um ambiente saudável e agradável no laboratório para desfrutar desta longa jornada de programa de investigação. Tive sorte neste aspeto, pois fui abençoado com colegas de laboratório muito bons e prestáveis. Estou grato aos meus anteriores colegas de laboratório, Dr. Deepak, Dr. Shiv, Dr. Basant, Dr. Anju, Dr. Garima, Dr. Archana, Passang, Khalid e Ritu, pela sua ajuda e cooperação. Gostaria também de agradecer sinceramente aos actuais membros do laboratório, Ashish, Chetan, Keerti, Kalpana, Reddy, Chiranjeev e Neha, pela sua cooperação, apoio moral e amor. Um agradecimento especial a Khalid pelas suas contribuições e comentários valiosos sobre o meu trabalho.

Estou em dívida para com o meu marido, Dr. Saleem Javed, pelo seu apoio moral, encorajamento e amor incondicional. Devo-lhe um agradecimento especial por me ter apoiado em todos os momentos.

Um agradecimento muito especial e sentido a todos os meus amigos, em particular a Passang, Bushara, Richa e Surjeet, pela sua preciosa dádiva de amizade, cooperação e camaradagem. É graças à sua calorosa companhia e estreita associação que os meus dias no campus se tornam ainda mais coloridos.

Gostaria de agradecer ao IIT Kanpur o facto de me ter financiado e dado apoio financeiro para as minhas conferências nacionais e internacionais. Estou grato ao IIT Kanpur por ter disponibilizado uma infraestrutura e uma instalação computacional (HPC) tão boas, que são úteis para a realização da minha investigação. A cooperação dos membros do pessoal do departamento de química, especialmente Sudha maam e Geeta maam, é altamente louvável.

Devo uma enorme gratidão à minha família pelo seu amor, apoio e compreensão constantes. Os meus pais sempre foram muito além do dever de me encorajar, inspirar e apoiar sempre que precisei deles.

Por último, mostro a minha gratidão ao Todo-Poderoso pelas suas bênçãos e por me ter dado força para concluir com êxito o meu trabalho de tese.

Peço perdão àqueles cujos nomes foram omitidos involuntariamente, mas as suas contribuições altruístas não podem ser negligenciadas.

Nazia Siddiqui

SINOPSE

As biomoléculas são componentes moleculares cruciais dos sistemas biológicos, responsáveis por várias funções. Estas funcionalidades estão intimamente ligadas às suas preferências conformacionais. O estudo da conformação destas moléculas é indispensável para compreender a relação entre a estrutura e a função das biomoléculas. Os inositóis e os péptidos estudados nesta tese oferecem sistemas modelo simplistas nos quais a previsão teórica e a sua validação experimental podem ser facilmente efectuadas. O presente livro utiliza abordagens computacionais para estudar a conformação, a estrutura, a estabilidade e os factores de ligação de hidrogénio dos inositóis e dos dipeptídeos.

Este livro é composto por três capítulos. O Capítulo **1** apresenta uma breve introdução aos métodos teóricos utilizados e aos sistemas moleculares estudados nesta tese.

O Capítulo **2** apresenta uma breve panorâmica dos métodos teóricos utilizados no presente trabalho. É apresentada uma explicação concisa das técnicas da teoria do funcional da densidade (DFT), da teoria de perturbação Moller-plesset (MP2), do método de solvatação implícito (principalmente o modelo contínuo polarizável (PCM)) e da abordagem de adaptação molecular (MTA).

No capítulo **3**, foram efectuados vários cálculos *ab initio* utilizando as teorias do funcional da densidade (DFT), da perturbação de Moller-Plesset de segunda ordem (MP2) e do campo de reação autoconsistente (SCRF) em treze estereoisómeros de inositol teoricamente possíveis. Os cálculos em fase gasosa revelaram que os *isómeros mio* e *neo* do inositol (com um e dois grupos hidroxilo axiais, respetivamente) são marginalmente mais estáveis (em 0,5 kcal mol^{-1}) do que o *scyllo-inositol* substituído equatorialmente (**Figura 1**). Os cálculos, quando efectuados em diferentes solventes polares, mostram que o *scyllo-inositol* se torna o isómero de inositol mais estável, facto atribuído a ligações de hidrogénio intramoleculares O-H...O mais fracas entre os grupos hidroxilo equatoriais, o que, por sua vez, pode facilitar uma interação intermolecular favorável. A energia de ligação de hidrogénio individual em todos os isómeros do inositol foi também estimada utilizando a abordagem de adaptação molecular (MTA). As energias de ligação de hidrogénio calculadas nestes isómeros estão em excelente concordância com as distâncias de ligação de hidrogénio O H...O e as frequências de estiramento UO-H registadas. Os valores estimados da energia da ligação H sugerem que a ordem da força da ligação de hidrogénio intramolecular é a seguinte: ligações de hidrogénio axial-axial > equatorial-axial > axial-equatorial > equatorial-equatorial.

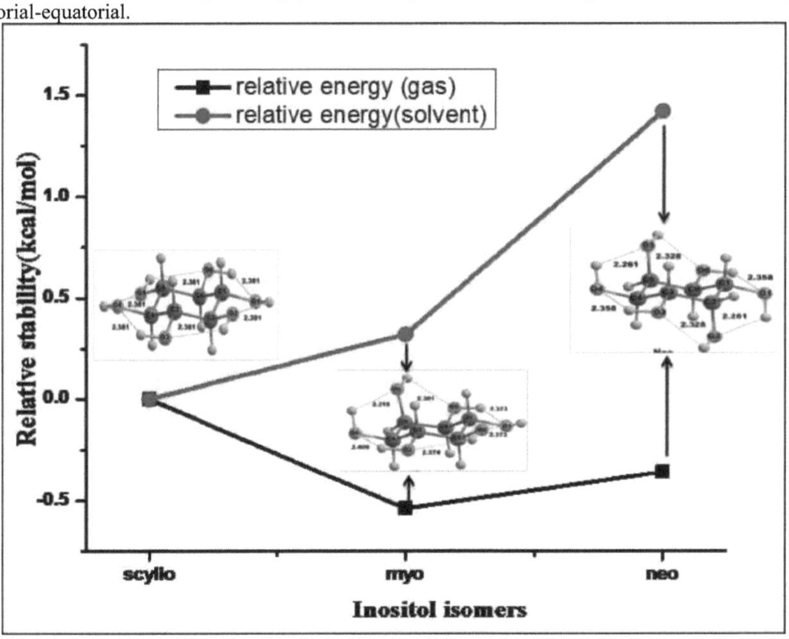

Figura 1. Comparação da estabilidade dos inositóis -*myo* e -*neo* em relação ao inositol - *scyllo* nas fases gasosa e solvente.

Publicações desta tese:

1. Estruturas, estabilidade e ligações de hidrogénio em conformadores de inositol, *Phys. Chem. Chem. Phys.*, **2015**, *17*, 18514-18523, **Nazia Siddiqui**, Vijay Singh, Milind M. Deshmukh e Ramanathan **Gurunath***.
2. Conformational analysis of 3-acetamido-N-methylpropanamide (N-Acetyl N-methyl *β* - alanineamide), *Chemical Physics Letters*, **Nazia Siddiqui**, Vaibhav Sharma e Gurunath Ramanathan* (manuscrito submetido).
3. Preferências conformacionais da diamida do ácido 5-tertbutil 2-aminociclohexanocarboxílico (ACHC), **Nazia Siddiqui**, Khalid Badiuzzamae Gurunath Ramanathan* (manuscrito em preparação).
4. Uma investigação mecânica quântica da energia conformacional dos dipeptídeos de glicina, **Nazia Siddiqui** e Gurunath Ramanathan* (manuscrito em preparação).

Capítulo 1

INTRODUÇÃO GERAL

Introdução

1.1 Observações introdutórias

O desenvolvimento de métodos químicos quânticos baseia-se na procura de soluções aproximadas da equação de Schrödinger. Apresenta-se aqui uma breve descrição simplificada de alguns destes métodos. Uma descrição pormenorizada pode ser encontrada noutro local[1] . O método tradicional de Hartree-Fock (HF)[2] é um método de aproximação para a determinação da função de onda e da energia de um sistema. Nesta abordagem, a função de onda de um eletrão é calculada a partir do campo do núcleo e dos outros electrões de uma forma auto-consistente. A teoria HF baseia-se principalmente nas três aproximações seguintes: a aproximação de Born-Oppenheimer[3] , a aproximação do eletrão independente[2a] e a aproximação da combinação linear das orbitais atómicas[4] . A teoria de perturbações de Moller-Plesset (*MPn*)[5] e a teoria de clusters acoplados (CC)[6] são alguns dos principais métodos pós-Hartree-Fock que incluem o fator de correlação eletrónica, que surge devido à repulsão instantânea eletrão-eletrão.

A abordagem do funcional da densidade (DF)[7] permite-nos calcular toda a superfície de energia e, por conseguinte, a estrutura e muitas propriedades relacionadas, apenas a partir do conhecimento da distribuição da densidade eletrónica. A primeira teoria do funcional da densidade para sistemas electrónicos foi apresentada por Thomas e Fermi[8] . Dois teoremas dados por Hohenberg-Kohn[7a] constituem a base da teoria do funcional da densidade (DFT). O primeiro teorema afirma que as propriedades do estado fundamental de um sistema com muitos electrões dependem apenas da densidade eletrónica

e o segundo teorema explica que a densidade de estado fundamental correta para um sistema é aquela que minimiza a energia total através do funcional. O principal problema associado à DFT é a derivação do termo de correlação de troca[9] . Foram propostos vários tratamentos aproximados (aproximação da densidade local (LDA)[10] e aproximação do gradiente generalizado (GGA)[11]) do termo de correlação de troca, o que deu origem a muitos métodos diferentes de DFT. Outra complicação é o facto de as interações de dispersão de London serem, em geral, omitidas dos funcionais de densidade tradicionais. Estas atracções de longo alcance são uma componente essencial de uma vasta gama de sistemas, como o ADN, a dobragem de proteínas, as nanoarquitecturas e o reconhecimento molecular. Embora tenham sido efectuadas várias abordagens para incorporar a dispersão no DFT[12] , o método mais utilizado foi desenvolvido por Grimme, denominado DFT-D[13] . O formalismo do funcional da densidade (DF), a sua história e as suas perspectivas foram completamente discutidos numa revisão recente por R. O. Jones[14] . O DFT melhora o Hartree-Fock ao incluir um tratamento aproximado dos movimentos correlacionados dos electrões. Além disso, o tratamento da correlação eletrónica pela DFT é muito mais barato do que nos métodos de função de onda correlacionada como MP2, CCSD, CCSD(T). Outras vantagens dos métodos DFT incluem o baixo custo computacional, a boa precisão para estruturas e termoquímica e a utilização de um termo de densidade eletrónica concetualmente simples que depende de apenas três variáveis, em comparação com a função de onda eletrónica mais complicada e difícil de interpretar.

A importância dos métodos baseados na química teórica na previsão de estruturas, energia, reatividade e outras propriedades das moléculas aumenta drasticamente devido ao rápido crescimento da velocidade e das capacidades de armazenamento das modernas instalações de computação e à presença de algoritmos químicos quânticos eficientes. Em particular, a gama de aplicabilidade dos métodos da teoria *ab initio* MO pode ser prolongada para biomoléculas a níveis de aproximação com uma fiabilidade gradualmente crescente. Além disso, vários resultados experimentais podem ser explicados e racionalizados com a ajuda de métodos teóricos na investigação de estruturas. Isto diz respeito à pesquisa sistemática do espaço conformacional, à avaliação das relações energéticas entre estruturas e à clarificação da estabilidade ou instabilidade das estruturas. Além disso, os cálculos podem ser efectuados em qualquer sistema fictício e hipotético. Assim, o poder preditivo dos métodos teóricos pode ser uma ferramenta valiosa para a estimulação e o planeamento da investigação experimental em vários domínios da química.

Neste trabalho, efectuámos a análise química quântica conformacional de inositóis e dipeptídeos. Estas biomoléculas são sistemas significativamente mais pequenos que podem ser tratados com precisão por meio de técnicas de química quântica. Serviram também de modelo valioso para hidratos de carbono complexos e oligopeptídeos/proteínas maiores. Além disso, demonstraram estar envolvidas em numerosas funções biológicas que estão intimamente associadas às suas preferências conformacionais. Estas biomoléculas estudadas serão analisadas em mais pormenor nas secções seguintes.

1.2 Inositóis

Os inositóis são hexa-hidroxiciclohexanos, constituindo um subgrupo de uma classe mais vasta de compostos conhecidos como **ciclitóis** (ou seja, cicloalcanos poli-hidroxi-substituídos com pelo menos três grupos hidroxi, cada um ligado a um átomo de carbono diferente do anel). São conhecidos nove estereoisómeros de inositóis, entre os quais 5 isómeros, nomeadamente *myo, chiro, scyllo, muco e neo-inositóis*, são naturais , [15]sendo o *myo-inositol o* mais abundante. Os restantes isómeros, ou seja, *cis, epi e allo*, são inositóis que não ocorrem naturalmente (**a Figura 1.1** representa as estruturas dos inositóis isoméricos). Exceto o isómero *chiro*, que existe como par enantiomérico DL, todos os outros se encontram na forma *meso*.

Os inositóis estão normalmente disponíveis nas suas várias formas derivadas. Os derivados mais abundantes do inositol incluem os seus ésteres metílicos e ésteres fosfatados. Os derivados do inositol apresentam várias funções biológicas[16] incluindo inibidores da glicosidase , [17]comunicação intercelular , [18]ancoragem de proteínas[19] , armazenamento de fosfatos e funções celulares[20] , tais como crescimento celular, apoptose, migração celular, endocitose e diferenciação celular. Muitos antibióticos contêm derivados aminados ou amino substituídos do inositol[21] . Os derivados do inositol são também muito utilizados no domínio médico, por exemplo, no tratamento de perturbações do pânico, da síndrome dos ovários poliquísticos (SOP), do cancro [22], da doença de Alzheimer[23] , da síndrome metabólica, etc. Os inositóis comportam-se como suportes para a síntese de produtos naturais[24] e cristais moleculares com propriedades invulgares[25] .

Os inositóis provaram ser os modelos mais simples para clarificar o papel dos factores conformacionais em reacções comuns a muitos outros hidratos de carbono[26] . Foram desenvolvidas numerosas abordagens sintéticas para os derivados do inositol[27] incluindo a utilização de inositóis naturais , [28]açúcares , [29]compostos aromáticos , [30]ácidos quirais , [31]tetrahidrobenzoquinona , [32]ciclohexeno e seus derivados [33]e norborneno[34] . Foram também determinadas as estruturas cristalinas de alguns inositóis [35]e os seus complexos com vários iões metálicos (como o Sr-epi-inositol , [36]o Ca-mio-inositol , [37]o Mg-mio-inositol [38]e o Pr-mio-inositol)[39]. Os estudos teóricos sobre os inositóis são limitados [40], na sua maioria realizados com derivados fosfatados do inositol. Por exemplo, *Ab Initio* Conformational Study of 1,2:4,5-Di-O-isopropylidene- myo-inositol , [41]Synergy of Intramolecular Hydrogen-Bonding Network in *myo-Inositol* 2-Monophosphate: Theoretical Investigations into the Electronic Structure, Proton Transfer, and pKa , [42]A theoretical investigation of inositol 1,3,4,5-tetrakisphosphate[43] . Para além disso, foi também apresentada uma investigação experimental/teórica combinada de derivados do inositol[44] .

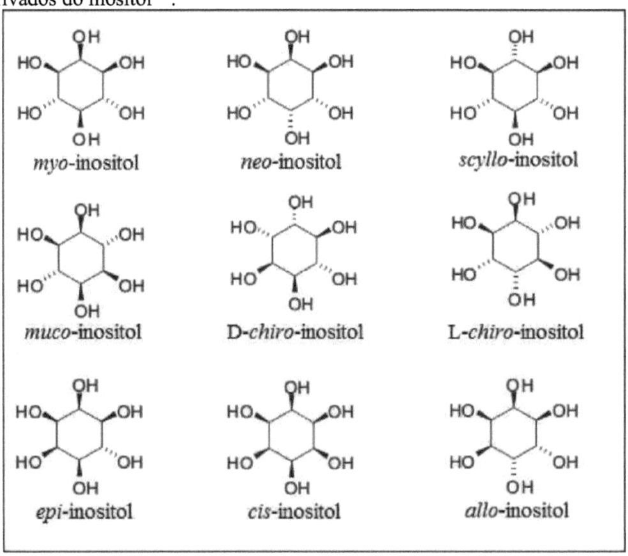

Figura 1.1 Estruturas dos inositóis isoméricos. (Adaptado de B. Kilbas, M. Balci, *Tetrahedron* **2011**, *67*, 2355-2389).

1.3 Proteínas

As proteínas são polímeros lineares compostos por várias combinações de 20 a-aminoácidos que ocorrem naturalmente. Desempenham papéis específicos em várias actividades biológicas[45] sob a forma de enzimas, hormonas, transportadores inter e intracelulares, suporte estrutural, movimento, sinalização, etc. A diversidade funcional das proteínas depende principalmente de dois factores:

a) Grande variedade de estruturas tridimensionais formadas por proteínas.
b) Diversidade química dos resíduos de aminoácidos.

As proteínas têm quatro níveis distintos de estruturas (**Figura 1.2**). A sequência linear de aminoácidos unidos apenas por ligações peptídicas covalentes, formada durante a biossíntese das proteínas, é conhecida como **estrutura primária**. As subestruturas locais que surgem da ligação de hidrogénio entre os átomos da espinha dorsal são conhecidas como **estrutura secundária**. As hélices alfa e as folhas beta são duas estruturas secundárias comuns encontradas nas proteínas. A dobragem das moléculas de proteína em estruturas tridimensionais através de interações não covalentes fornece a **estrutura terciária**. A interação complexa de várias cadeias polipeptídicas ou subunidades resulta na **estrutura quaternária**.

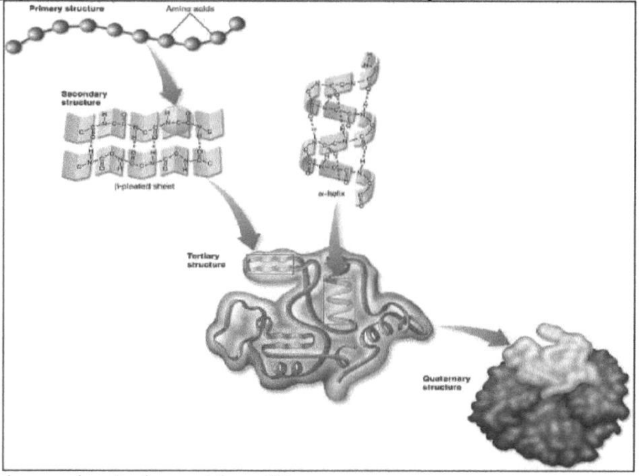

Figura 1.2 Níveis de organização das proteínas. (De http://www.macalester.edu/academics/psychology/whathap/ubnrp/tse10/pri onproteins.html).

1.4 Aminoácidos e péptidos

Os aminoácidos são a unidade orgânica quiral mais simples e fundamental das proteínas. São constituídos por um grupo funcional amina (-NH2) e um grupo funcional ácido carboxílico (-COOH), juntamente com uma cadeia lateral específica (-R). A classificação dos aminoácidos baseia-se em três factores principais:

a) As localizações dos grupos funcionais estruturais principais (como a- , 0, Y- e 8-aminoácidos).
b) Tipo de grupos da cadeia lateral (alifáticos, aromáticos, ácidos, básicos, cíclicos, etc.).
c) A caraterística do grupo da cadeia lateral (como aminoácidos polares e não polares).

Menos aminoácidos unem-se através de ligações amida, dando origem a péptidos ou oligopeptídeos. Servem como sistemas modelo adequados para imitar as estruturas e funções dos polipéptidos e das proteínas. Os dipeptídeos são os peptídeos mais simples (discutidos brevemente na secção seguinte). Os estudos estruturais e as caracterizações conformacionais, experimentais e/ou teóricas, dos péptidos são muito mais comuns e preferíveis devido à presença de um menor número de átomos nos mesmos.

1.5 Análise conformacional de péptidos

A ligação responsável por manter as porções de aminoácidos nos péptidos e nas proteínas é a ligação peptídica, ou seja, a ligação amida formada pela reação de condensação entre os grupos -COOH e -NH2 de dois resíduos de aminoácidos. A planaridade da ligação peptídica deve-se ao carácter de ligação dupla parcial que surge devido à deslocalização eletrónica do par solitário presente no átomo de -N da ligação. A ligação peptídica é designada pelo ângulo de torção w. A rotação restrita em torno da ligação peptídica resulta apenas nas suas conformações *cis* (w = 0°) e *trans* (w = 180°) (**Figura 1.3**). Devido a razões estéricas e electrónicas, a forma *trans-* é energeticamente mais estável do que a *cis-*, pelo que a ligação *trans-peptídica* é mais abundante nos péptidos.

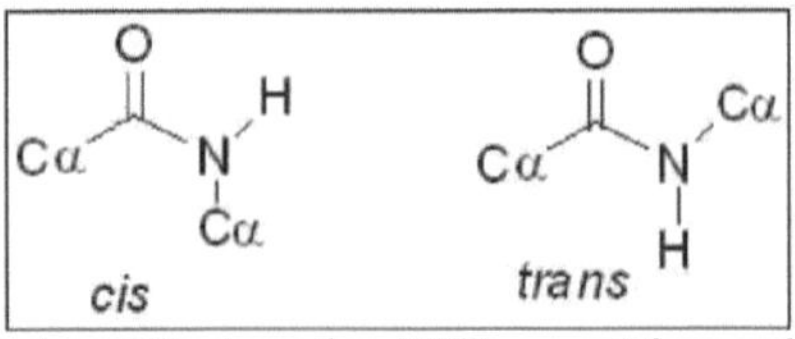

Figura 1.3 Ligação peptídica *cis* (ro = 0°) e *trans* (ro=180°) em proteínas e péptidos.
Para além de ro, existem dois ângulos de torção da espinha dorsal, O (N-Ca) e T (Ca-CO) (**Figura 1.4**) que podem rodar livremente para adotar várias conformações em péptidos e proteínas[46] .

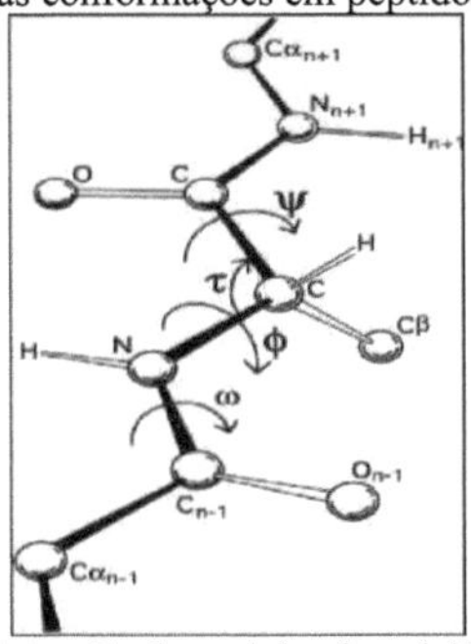

Figura 1.4 Representação dos ângulos de torção da espinha dorsal (O, T e ro) dos aminoácidos numa unidade peptídica. (De IUPAC-IUB Commission on biochemical nomenclature, *Biochemistry*, **1970**, *9*, 3471-3479).
Gráfico de Ramachandran[47] é um gráfico bidimensional dos ângulos de torção phi (*0*) - psi (*W)* de todos os resíduos de aminoácidos para prever as possíveis conformações de péptidos e proteínas. Reconheceu-se que muitas combinações de ângulos de torção (*0* e *W)* numa cadeia polipeptídica eram proibidas devido a conflitos estéricos entre átomos. Ramachandran variou phi e psi para encontrar conformações estáveis. No cálculo do gráfico de Ramachandran, foram feitas as seguintes suposições: a) A geometria de uma ligação peptídica foi fixada como uma unidade de planeamento. b) A ligação peptídica foi fixada na geometria *trans*. c) Assumiu-se que o átomo *de Ca* tinha um ângulo de ligação caraterístico de um carbono tetraédrico sp^3 . d) Os átomos foram considerados esferas rígidas que não se podiam aproximar mais do que a soma dos seus raios de Vander Waals. e) Para o resíduo de prolina, o ângulo phi foi limitado devido à ciclização. O gráfico de Ramachandran (**Figura 1.5**) apresenta três regiões diferentes: regiões permitidas, não permitidas e parcialmente permitidas[48] . A área onde não se observam choques estéricos entre átomos é designada por região permitida e inclui principalmente as conformações alfa-hélice e folha beta. A área onde os átomos se aproximam mais do que a soma dos seus raios de Vander Waals constitui a região não permitida. As regiões não permitidas envolvem geralmente impedimentos estéricos entre o grupo metileno Cp da cadeia lateral e os átomos da cadeia principal. Quando os critérios de contacto são flexibilizados (ou seja, é permitido que os átomos se aproximem mais do que a soma dos seus raios de Vander Waal permitiria), considera-se que se trata de uma região parcialmente permitida. Esta região inclui principalmente a alfa-hélice esquerda.
O gráfico de Ramachandran é uma das ferramentas de diagnóstico mais poderosas utilizadas na análise da estrutura das proteínas[49] . A aplicação de cálculos teóricos[50] ou de dados extraídos do banco de dados de proteínas (PDB)[51] tem sido utilizada para gerar diferentes gráficos de Ramachandran. O gráfico de Ramachandran pode ser classificado em 4 tipos, com base na estereoquímica do aminoácido: genérico[50b] (que se refere aos 18 aminoácidos não glicina e não prolina), glicina[52] , prolina[53] e pré-prolina[52] . Vários aspectos do gráfico de Ramachandran (como a forma das regiões permitidas[50b] , as tendências de conformação da cadeia principal dos aminoácidos[54] , etc.) foram investigados exaustivamente pelos investigadores nos últimos anos. São utilizadas nomenclaturas variáveis[50b] para atribuir as estruturas secundárias observadas em diferentes regiões do gráfico de Ramachandran.

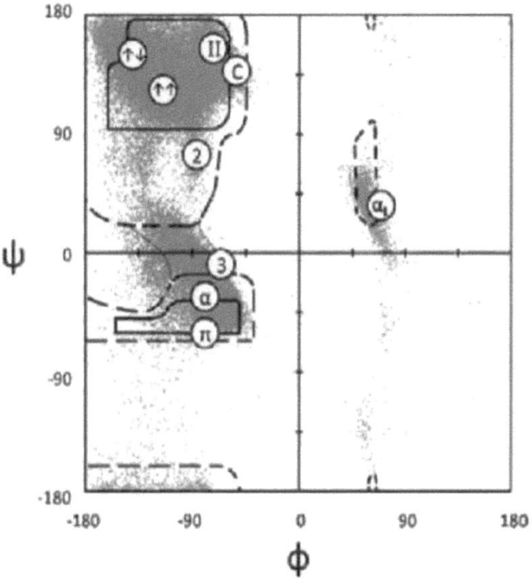

Figura 1.5 Gráfico de Ramachandran *(0, W)* do espaço conformacional disponível dos constituintes de aminoácidos numa sequência peptídica derivada dos dados de ângulo de torção para 463 estruturas cristalinas de proteínas. As regiões classicamente permitidas (linhas tracejadas), o núcleo permitido (linhas sólidas) e o limite extremo permitido (linhas pontilhadas). As conformações indicadas são: a-hélice (a), 310-hélice (3), n-hélice (n), a-hélice esquerda (AL), 2.27ribbon (2), poliprolina-II (II), colagénio (C), folha P paralela (ft) e folha P anti-paralela (fj). (De S. A. Hollingsworth, P. A. Karplus, *Biomol Concepts.* **2010**, *1*, 271-283).

1.6 Estruturas secundárias em proteínas e péptidos

As estruturas secundárias são arranjos espaciais repetitivos locais, dependentes de ligações de hidrogénio e dos parâmetros dos ângulos de Ramachandran (I e T). As principais estruturas secundárias das proteínas e dos péptidos são as hélices, as folhas e as voltas.

Existem três tipos de hélices: a-hélice, 3io-hélice e n-hélice (**Figura 1.6**). A hélice a é uma cadeia em espiral para a direita, estabilizada pelo padrão repetitivo de ligações de hidrogénio i <i-4 entre os grupos -NH2 e -C=O dos resíduos de aminoácidos da espinha dorsal[55] . As ligações de hidrogénio situadas ao longo da cadeia helicoidal e dos grupos laterais são sempre extrudidas para fora da estrutura helicoidal. Outras especificações importantes da a-hélice são as seguintes: cada volta da hélice tem 3,6 resíduos de aminoácidos, as voltas sucessivas estão separadas por uma distância de 5,4A, a presença de um momento de dipolo na hélice da direção N-terminal para a direção C-terminal, os valores típicos dos ângulos de ramachandran (*0* e *W)* são -58° *(0)* e -47° (*W)*. A hélice a é a mais estável e ubíqua nas proteínas e nos péptidos.

A hélice 3 10 é uma hélice direita menos comum nos péptidos, que é estabilizada por uma ligação de hidrogénio i^ i+3 C=O...N-H, resultando na formação de um anel de membros C10. Foi observada e descoberta pela primeira vez por Huggins[56] em 1943. As 310-hélices são menos estáveis e significativamente mais curtas do que a a-hélice, existindo como aproximadamente 15-20% de todas as hélices presentes nas proteínas[57] . Outras caraterísticas geométricas da hélice 310 são as seguintes: cada volta da hélice 310 tem 3 resíduos de aminoácidos, os resíduos consecutivos formam um ângulo de 120° em torno do eixo helicoidal, 2 A de ascensão helicoidal por resíduo[58] e os valores típicos dos ângulos de Ramachandran (*0* e *W*) são -49° (*0*) e -26° (*W)*. As 3io-hélices encontram-se geralmente nos terminais N e C das a-hélices. A ocorrência de 310 hélices nos péptidos é preferida principalmente pelo elevado teor de resíduos Aib e pelo comprimento curto da cadeia[59] . A importância bioquímica das 3 10 hélices é revelada pela sua ocorrência nos antibióticos *peptaibol*[60] . Servem de intermediários na dobragem/desdobragem das a-hélices. A teoria prevê uma baixa barreira de energia conformacional na transição helicoidal da hélice 310 para a hélice a[61] . A literatura refere uma série de estudos relacionados com o equilíbrio da hélice a/310 em vários péptidos[62] .

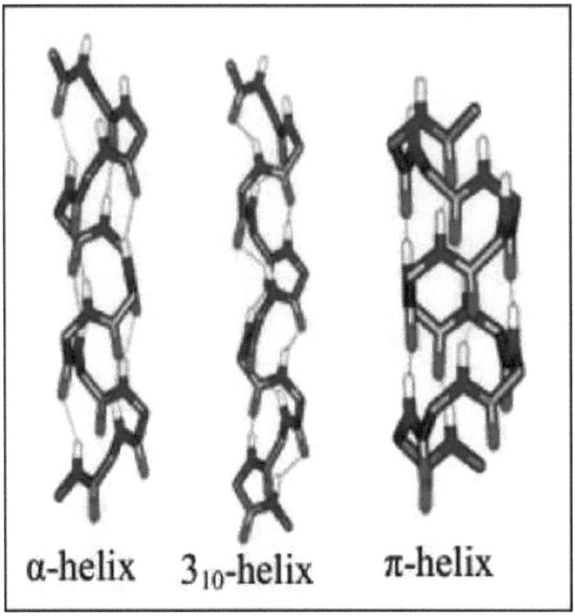

Figura 1.6 Hélices básicas em a-peptídeos. (Adaptado de, A. Duley; tese de doutoramento, Instituto Indiano de Tecnologia, Kanpur (Índia), **2013**).

As n-hélices têm um padrão de ligação de hidrogénio i<i-5 C=O...N-H. Cada volta da n-hélice tem 4,4 resíduos de aminoácidos e o aumento por resíduo é de 1,15A[63]. Raramente estão presentes nas proteínas e nos péptidos. As protuberâncias helicoidais no interior de uma a-hélice mais longa são identificadas como n-hélices naturais[64]. Foi confirmada a presença de n-hélices em certas estruturas cristalinas de proteínas obtidas através da pesquisa na Protein Data Base[65]. Os sítios funcionais das proteínas são geralmente ocupados por n-hélices[64, 66]. A maioria das n-hélices tem apenas 7 resíduos de comprimento e não apresenta ângulos diedros (*p*, *y*) regularmente repetidos ao longo de toda a estrutura. Os ângulos de torção ideais da n-hélice são -57° (*0*) e -7Oo (*W*). Encontram-se no limite de uma região de energia mínima permitida do mapa de Ramachandran. São três os principais factores que levam a que a conformação da n-hélice seja desfavorecida: 1) ângulos diedros desfavoráveis[49,67], 2) a estrutura tridimensional tem um buraco 1Á no centro, o que resulta na perda de interações de Vander Waals[68], 3) é necessário dispor corretamente um maior número de resíduos para permitir as ligações de hidrogénio colineares[69].

A folha P (**Figura 1.7**) é também uma das estruturas secundárias abundantes nas proteínas globulares[70]. São formadas pela ligação de hidrogénio intermolecular entre os grupos NH- e C=O de cadeias peptídicas estendidas (cadeias P). São classificadas como folhas P paralelas e antiparalelas de acordo com a orientação das extremidades N- e C- de duas cadeias P em relação uma à outra[63]. As folhas P antiparalelas são mais abundantes devido à sua preferência energética em relação às folhas P paralelas, o que é confirmado por vários estudos computacionais[71]. A caraterização estrutural da estrutura da folha P em vários péptidos e proteínas foi estudada e revista[72]. A presença da estrutura da folha P em vários péptidos não naturais, ou seja, os péptidos P e Y, também foi referida[73]. Além disso, foram investigados vários aspectos que contribuem para a propensão e a estabilidade da estrutura da folha P, tais como o papel da ponte de dissulfureto[74], a interação de longo alcance[75], a contribuição de vários tipos de ligações de hidrogénio[76], o número de cadeias[77] e a preferência dos resíduos de aminoácidos[78]. Os investigadores desenvolveram numerosas estruturas concebidas para a folha P, devido à sua aplicação como instrumentos de diagnóstico e terapêuticos para as doenças amilóides[79].

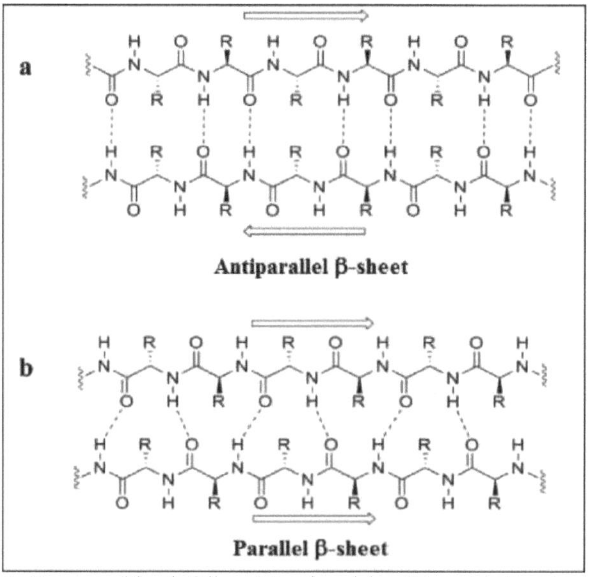

Figura 1.7 Representação esquemática da folha p (**a**) antiparalela e (**b**) paralela (as setas indicam a direção da cadeia peptídica). (Adaptado de C. L. Nesloney, J. W. Kelly, *Bioorg. Med. Chem.* **1996**, *4*, 739-766).

As voltas em P (**Figura 1.8**) são estruturas não periódicas, formadas por quatro aminoácidos sucessivos, estabilizadas por uma ligação de hidrogénio intramolecular entre o grupo NH do resíduo i+3 e o C=O peptídico do resíduo i, dando origem a um anel de dez membros[80] . As curvas-P são responsáveis pela inversão da direção de propagação dos polipéptidos, pelo que também são conhecidas como curvas reversas. As voltas reversas são um componente essencial das estruturas super secundárias do tipo hairpin[81] . Foi proposto que os processos de dobragem de proteínas são nucleados por P-turns[82] . Existem oito tipos diferentes de voltas P[83] com base nas conformações da espinha dorsal do resíduo i+1 e i+2 (**Tabela 1.1**). As mais comuns são as voltas PI e PII[83b] . Uma única volta de uma hélice 310 direita ou esquerda representa as voltas piii e pill, respetivamente. A viragem PIV, com maior possibilidade de ligação *cis-peptídica*, é observada quando o resíduo de prolina está presente na posição i+2[83a,84] . A formação da viragem p não depende apenas de critérios de ligação de hidrogénio, mas foram também reconhecidos dois outros factores importantes para a sua formação, ou seja, uma distância inferior a 7A entre os átomos a-C dos resíduos i e i+3[85] e o ângulo de torção T formado pelos átomos C a de quatro aminoácidos, que deve situar-se entre -90° <T < 90°[85b] , 86. As técnicas experimentais, como a cristalografia de raios X[85a,b, 87] e os estudos de RMN[88] , foram amplamente utilizadas para caraterizar as conformações de p-volta em péptidos e proteínas. As propensões para a conformação de p-volta em péptidos cíclicos foram exploradas por vários grupos de investigação[89] . As estruturas e a estabilidade de diferentes p-voltas em vários modelos de péptidos foram também estudadas utilizando métodos computacionais de química quântica[90] .

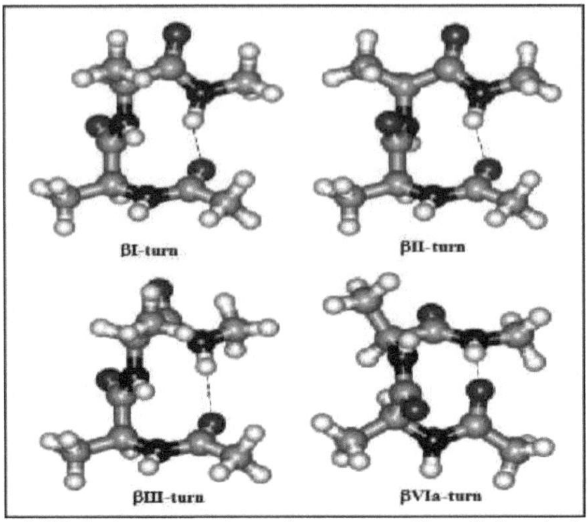

Figura 1.8 Quatro possibilidades importantes de p-voltas em a-peptídeos. (Adaptado de E Vass, M. Hollosi *et al., Chem. Rev.* **2003**, *103*, 1917-1954).

Virar	0i+i	T i+i	0 i+2	Ti+2
P I	-60	-30	-90	0
P I'	60	30	90	0
P II	-60	120	80	0
P II'	60	-120	-80	0
P III	-60	-30	-60	-30
P III'	60	30	60	30
PVIa	-60	120	-90	0
PVIb	-120	120	-60	0
PVIb'	-120	120	-60	150

Tabela 1.1 Ângulos padrão da espinha dorsal para os principais tipos de p-voltas. (Adaptado de K. Mohle, M. Gubmann, H. J. Hofmann, *J Comput Chem,* **1997,** *18*, 1415-1430).

Outra estrutura não periódica importante nos péptidos é a curva em Y (**Figura 1.9**). A primeira prova inequívoca de uma curva em Y numa proteína globular foi descrita por Matthews[91] . A curva em Y consiste em três aminoácidos, que são estabilizados pela ligação de hidrogénio intramolecular entre os resíduos i^{th} e $i+2^{th}$, resultando na formação de um anel de ligação de hidrogénio de sete membros (C7)[92] . Com base nos valores dos ângulos de torção do resíduo i+1, estes são classificados em dois tipos, a saber, voltas em Y clássicas e inversas[93] . As voltas em Y inversas são mais frequentemente observadas nas proteínas do que as voltas em Y clássicas. A estabilização das cadeias P antes de se transformarem em folhas p é facilitada pelas curvas em Y invertidas[94] . As curvas em Y clássicas ocorrem nas extremidades das alças dos hairpins beta[95] . As curvas em Y também se encontram nas interações recetor-peptídeo-ligante[96] e nos complexos enzima-substrato[97] . A pesquisa bibliográfica revela que existe uma predominância da conformação em Y nos péptidos cíclicos[98] . Os investigadores conceberam também numerosos miméticos da curva em Y[99] para incorporação em péptidos, a fim de adquirir actividades biológicas desejáveis.

a)

Type of gamma turn	Φ_{i+1}	Ψ_{i+1}
Classic gamma turn	75.0 ± 40	-64.0 ± 40
Inverse gamma turn	-79.0 ± 40	69.0 ± 40

b)

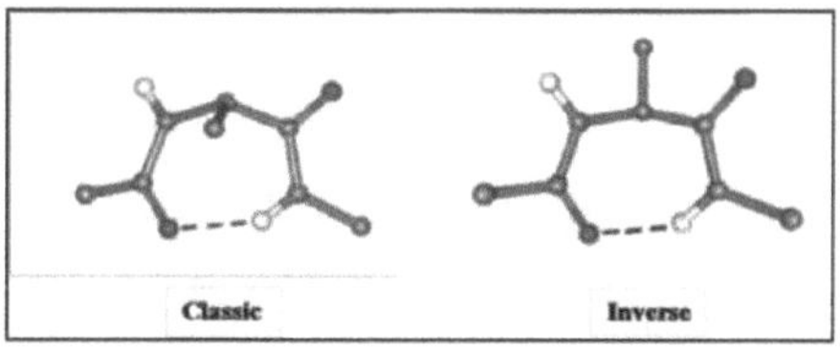

Figura 1.9 a) Ângulos padrão da espinha dorsal de 2 Y-turns. **b)** Estruturas de Y-turn. (Adaptado de M. Crisma, M. De Zotti, *et. al., New J. Chem.*, **2015**, *39*, 3208- 3216).

1.7 Análise conformacional teórica de dipeptídeos

Os dipeptídeos são os peptídeos mais simples e mais pequenos que servem de modelo valioso para investigar as interações locais que preceituam as caraterísticas globais de peptídeos e proteínas maiores. Além disso, os estudos estruturais *ab initio* dos dipeptídeos fornecem parâmetros geométricos precisos do campo de forças para simulações semi-empíricas ou de mecânica molecular de biomoléculas[100] . Foi demonstrado que os próprios dipeptídeos estão envolvidos em várias actividades biológicas[101] . A investigação das preferências conformacionais dos dipeptídeos com recurso a uma variedade de técnicas computacionais de química quântica é amplamente divulgada na literatura (**o quadro 1.2** apresenta vários dipeptídeos, juntamente com o nível das teorias utilizadas para avaliar as suas preferências conformacionais e as referências correspondentes[100-112]). Os investigadores exploraram principalmente duas classes de dipeptídeos, uma em que os resíduos de aminoácidos únicos terminados por grupos acetilo e metilamida através de ligações peptídicas são considerados dipeptídeos/diamidas[100b,e,g,h, 102, 103,105, 108, 110, 113] , enquanto na outra categoria dois resíduos de aminoácidos ligados por uma única ligação peptídica[101a,b, 109,114] (que pode existir como neutro/zwitteriónico[101c,d,106,107] ou como forma protegida terminal[115]). A influência da correlação eletrónica e a escolha dos conjuntos de bases nas estruturas, na energia e nas energias de ligação de quatro dipeptídeos resultantes de combinações de resíduos de aminoácidos alanina e glicina são investigadas exaustivamente ao nível dos métodos HF, DFT e MP2[116] . Os homo e heterodipeptídeos de glicina e alanina[100b,g,h,101b,d,105,108,110,117] são os mais estudados teoricamente. A estrutura e a densidade eletrónica da ligação peptídica em 400 dipeptídeos únicos resultam de todas as consolidações possíveis de 20 aminoácidos naturais, exploradas no campo de forças MMFF94 e DFT[118] . As alterações nas conformações e energias dos dipeptídeos na presença de solventes foram bem citadas na literatura[119] . Por exemplo, a influência da hidratação em fase gasosa na estabilidade relativa das formas canónica (não iónica) e zwitteriónica (iónica) de alguns dipeptídeos[120] , a acessibilidade dos dipeptídeos glicilo, alanilo e serilo aos solventes[121] , um estudo teórico comparativo da solvatação de dipeptídeos em água[122] . Foram também realizados estudos teóricos sobre vários dipeptídeos com resíduos de aminoácidos C-terminais variáveis e aminoácidos N-terminais constantes para observar o efeito em vários parâmetros geométricos (**a Tabela 1.3** resume a lista desses dipeptídeos juntamente com o nível de teoria utilizado para o seu estudo e as respectivas referências[114e,f,123-128]). Foram efectuados estudos teóricos sobre complexos de catiões metálicos de dipeptídeos[129] . Para além dos dipeptídeos normais, foram também estudadas as preferências conformacionais de vários dipeptídeos estruturalmente modificados, como o azapeptídeo[130] e o dipeptídeo com resíduos de desidroaminoácidos[131] , dipeptídeos com resíduos de oxazolidina e tiazolidina[132] .

Dipeptídeos	**Nível do método utilizado**	**Referências**
Ac-Asn-NHMe	HF/6-31G(d), MP2/6-31G(d)	100(e)

Ac-Aib-NHMe Ac-Ac3C-NHMe Ac-Ac4c-NHMe	HF/3-21G,HF/6-31G(d), MP2/6-31G(d)	102
Ac-Pro-NHMe	HF/6-31G(d),HF/6-31G(d,p), HF/6-31+G(d) B3LYP/6-31G(d),B3LYP/6-31G(d,p), B3LYP/6-31+G(d)	103
Ac-Val-Ala-NHMe	RHF/3-21G	104
Ac-Ala-NHMe Ac-Gly-NHMe	HF/DZP, HF/TZP	100(b)
Ac-Ala-NHMe	BLYP/TZVP+ MP2/aug-cc-pVDZ	100(g)
HCO-Gly-NH2 Ac-Gly-NHMe HCO-Ala-NH2 Ac-Ala-NHMe	MP2/6-31G(d) DF-LCCSD(T0)/Aug-cc-pVTZ	100(h)
L-Pro-L-Ala L-Pro-D-Ala L-Pro-Gly	HF/6-31G	101(a)
MeCO-Ala-Ala-NHMe	RHF/3-21G	105
His-Gly Gly-His	HF/6-31G(d) MP2/6-311+G(2d,2p)	101(b)
Met-Gly.HCl	UHF/6-311++G(d,p) MP2/6-311++G(d,p)	101(d)

H-Val-Tyr-OH H-Tyr-Ala-OH	RHF/6-31G(d,p),RHF/6-311++G(d,p), MP2/6-31G(d,p) MP2/6-311++G(d,p)	106
L-Tyr-L-Phe L-Phe-L-Tyr	RHF/6-31G(d,p) UHF/6-31G(d,p)	107
Ac-Ala-NHMe Ac-Gly-NHMe	HF/6-31G(d,p),HF/TZVP, MP2/TZVP	108
H-Tyr-Gly-OH	B3LYP/6-31+G(d), MP2/6-31+G(d), df-MP2, dfLMP2/aug-cc-pVnZ, df-SCS-MP2/aug-cc-pVnZ, df-SCS-LMP2/aug-cc-pVnZ, dfLCCSD(T0)/aug-cc-pVnZ (n = D, T, Q)	109
Ac-Ala-NHMe	HF/6-31G(d) MP2/6-31G(d,p),MP2/cc-pVTZ	110
Ac-Leu-NHMe	RHF/3-21G(d), B3LYP/6-31G(d)	111
Ac-Ac5c-NHMe	B3LYP/6-311G(d,p)	112

A Tabela 1.2 representa os dipeptídeos juntamente com o nível das teorias utilizadas para avaliar as suas preferências conformacionais e as referências correspondentes.

Dipeptídeo com aminoácido N-terminal constante e aminoácido C-terminal variável Nível de teoria utilizado para o estudo conformacional Referências		
Gly-X (X = Asn, Asp, Ser, Cys, Tyr, Val, Phe, Gly)	HF/6-31G(d), B3LYP/6-31G(d)	123
Val-X (X = Asn, Asp, Ser, Cys, Tyr, Val, Phe, Gly)	HF/6-31G(d), B3LYP/6-31G(d)	114(e)
Pro-X (X = Ala, Leu, Asp, Thr, Asn, Arg, Sec)	B3LYP/6-311++G(d,p)	124

Pyl-X (X = Ala, Leu, Asp, Ser, Asn, His)	B3LYP/6-31++G(d,p)	125
Sec-X (X = Ala, Phe, Glu, Thr, Asn, Arg, Sec)	B3LYP/6-311++G(d,p)	126
Sec-X (X = Val, Leu, Asp, Ser, Gln, His, Pyl)	B3LYP/6-311++G(d,p)	127
Sem-X (X = Val, Trp, Glu, Cys, Tyr, Arg, Sec)	B3LYP/6-311++G(d,p)	128
Phe-X (X = Asn, Asp, Ser, Cys, Gly, Tyr, Val, Phe)	B3LYP/6-31G(d)	114(f)

Tabela 1.3 Resumo dos dipeptídeos, juntamente com o nível de teoria utilizado para o seu estudo e as respectivas referências.

1.8 p-aminoácidos e p-peptídeos

O homólogo superior dos a-aminoácidos com uma unidade de metileno adicional entre o grupo amino e o grupo carboxilo é designado por p-aminoácidos. Os oligómeros compostos inteiramente por p-aminoácidos são conhecidos como p-peptídeos[133] . Apresentam certas propriedades importantes, como a estabilidade em relação ao metabolismo, a lenta degradação microbiana e a resistência enzimática[134] , o que leva à sua extensa aplicação nos domínios terapêutico e biomédico[135] . Existem várias estratégias sintéticas disponíveis na literatura para a preparação de p-aminoácidos[136] , sendo a mais comum a via de homologação Arndt-Eistert[137] , em que os a-aminoácidos são homologados para obter os p-aminoácidos correspondentes. São possíveis numerosas variações estruturais para os resíduos de p-aminoácidos com base na posição dos substituintes nos átomos da espinha dorsal Ca-Cp (**Figura 1.10**). O efeito dos substituintes nas conformações dos p-peptídeos foi explorado tanto por estudos experimentais[138] como teóricos[139] .

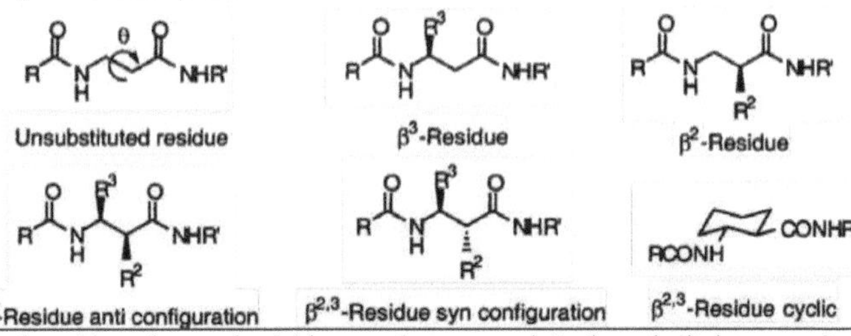

Figura 1.10 Tipos de resíduos de p-aminoácidos com base na posição dos substituintes nos átomos da espinha dorsal Ca - Cp. (Adaptado de R. P. Cheng, S. H. Gellman, W. F. DeGrado, *Chem. Rev.* **2001**, *101*, 3219-3232).

1.8.1 Estruturas secundárias em p-peptídeos

A presença de diversidade estrutural revelou várias estruturas secundárias possíveis (hélices, folhas e voltas)[140] nos p-peptídeos. O trabalho pioneiro na exploração das preferências conformacionais dos p-peptídeos foi realizado pelos grupos de Gellman e Seebach[141] .

Conformações helicoidais

É possível encontrar vários tipos de hélices nos p-peptídeos (**Figura 1.11**). A difração de fibras e a análise de infravermelhos do poli (a-isobutil-L-asparato) forneceram uma primeira prova da presença de estruturas helicoidais nos p-peptídeos[142] . **A Tabela 1.4**[139f,g, 142c,143] resume os diferentes tipos de nomenclaturas utilizadas para estas hélices na literatura.

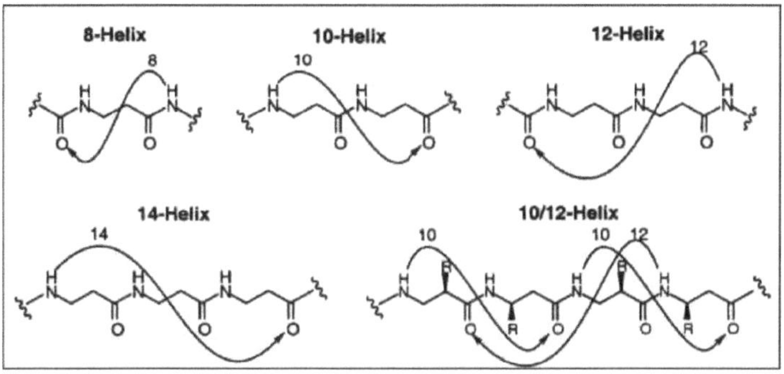

Figura 1.11 Vários tipos de conformações de hélice em peptídeos P. (Adaptado de R. P. Cheng, S. H. Gellman, W. F. DeGrado, *Chem. Rev.* **2001**, *101*, 3219-3232).

				hélice
Applequist[a]	**Subirana**[0]	**Gellman**[f]	**Seebach^**	**nomenclatura**[61]
R+?	**2R**	**14**	**(P) 3!**	**314**
R+3	**4R**	**18**		
R-3		**12**	**(P) 2.51**	**2.512**
R-4	**1R**	**16**		
R-5	**3R**	**20**		
L+2	**2L**	**14**	**(M) 3i**	**314**
L+3	**4L**	**18**		
L-3		**12**	**(M) 2.51**	**2.512**
L-4	**IL**	**16**		
L-5	**3L**	**20**		

[a]R+n designa uma hélice direita em que NHi está ligado por hidrogénio a COi+n e L+n designa uma hélice esquerda com o mesmo padrão de ligação por hidrogénio. [b]R e L designam as topologias helicoidais direita e esquerda, respetivamente. [c]Uma nomenclatura que descreve o número de átomos que compõem o anel de ligação de hidrogénio formado entre os átomos dador e aceitador. [d]A nomenclatura de Seebach descreve a simetria helicoidal; P e M referem-se às topologias helicoidais direita e esquerda, respetivamente. [e]A nomenclatura indica o número de resíduos contidos numa volta da hélice; o subscrito indica o número de átomos que constituem o anel de ligação de hidrogénio formado entre os átomos dador e aceitador.

Tabela 1.4 Nomenclaturas para hélices de peptídeos P. (De R. P. Cheng, S. H. Gellman, W. F. DeGrado, *Chem. Rev.* **2001**, *101*, 3219-3232).

14-Hélix

A hélice 14 é a conformação helicoidal mais abundante observada nos peptídeos P.

É estabilizada por ligações de hidrogénio intramoleculares repetitivas (i, i+2) entre os grupos -NH e -C=O dos átomos da espinha dorsal, formando uma série de anéis intercatenados de 14 membros. Com base na estereoquímica dos P-aminoácidos, é possível obter uma hélice de 14 membros para a esquerda ou para a direita. Outras especificações importantes são as seguintes: cada volta da hélice tem 3 resíduos de aminoácidos, as voltas sucessivas estão separadas pela distância de 5A, presença de momento de dipolo do terminal C ao terminal N. Existem vários factores (tais como o efeito do solvente, a posição do substituinte no aminoácido beta, as interações electrostáticas)[138a, 139f, 140a,143,144] que contribuem para a estabilidade da conformação em hélice 14 nos peptídeos P. A presença da hélice 14 em péptidos P mais longos pode ser adequadamente avaliada pela espetroscopia de CD. Os espectros de CD das 14-hélices esquerdas apresentam um máximo próximo de 195 nm e um mínimo próximo de 215 nm (ou vice-versa para as hélices direitas) e a sua intensidade aumenta à medida que a hélice é alongada. Vários péptidos P acíclicos com cadeias laterais variáveis e oligómeros de ácido trans-2-aminociclohexanocarboxílico (ACHC) adoptam 14-hélices tanto no estado sólido como em solução, o que foi confirmado por várias técnicas experimentais (CD, RMN e cristalografia de raios X)[138a, 139d,f,g, 140a, 143, 145]. Alguns estudos teóricos[146] relacionados com a investigação das preferências conformacionais dos péptidos P também revelam a presença de conformações de 14 hélices.

12-Hélix

A conformação em 12 hélices é estabilizada por sucessivas ligações de hidrogénio intramoleculares para trás (i, i-3) entre um protão de amida e um carbonilo da cadeia principal. Cada volta da hélice tem aproximadamente 2,5 resíduos e a distância de separação entre voltas adjacentes é de 5,6 A. Os oligómeros curtos do ácido trans -2- aminociclopentanocarboxílico (ACPC) (até 6 resíduos) formam uma conformação estável de 12 hélices[139g,h, 145b, 147] . Além disso, os oligómeros que contêm ácido trans-3-aminopirrolidina-4-carboxílico (APC)[148] ou APC sulfonilado (S-APC)[149] ou resíduos de etanoantraceno[150] também adoptam a conformação de 12 hélices.

10-Hélice

Esta conformação acomoda um anel de ligação de hidrogénio intramolecular com 10 membros, formado pela interação entre o grupo -NH do resíduo i e o grupo -C=O do resíduo i+1 da espinha dorsal. Alguns péptidos que contêm resíduos de p-aminoácidos cíclicos com quatro membros apresentam esta estrutura secundária[151] . A teoria *ab initio* e os estudos de RMN prevêem a conformação em 10 hélices no homotetraoligómero do ácido trans-2-aminociclohexanocarboxílico[152] . Verificou-se que a 10-hélice é um potencial intermediário conformacional no processo de dobragem para a termodinamicamente estável 14-hélice[139d, 153] .

8-Hélix

As estruturas cristalinas dos oligómeros do ácido 1-(aminometil) ciclopropanocarboxílico revelam a presença de uma conformação de 8 hélices nos p-peptídeos[154] . Esta conformação é estabilizada por ligações de hidrogénio intramoleculares do tipo (i, i-2) que resultam na formação de anéis de 8 membros. Cada volta da 8-hélice tem aproximadamente dois resíduos. A conformação em 8-hélice foi também observada nos oligómeros de a-aminoxiácidos[155] , que estão estruturalmente relacionados com os p-aminoácidos.

10/12-Helix

As hélices mistas são adoptadas pelos oligómeros compostos por resíduos alternados p^2 - e p^3 - monossubstituídos[138a,c] . Esta hélice compreende uma rede entrelaçada de anéis de 10 e 12 átomos ligados por hidrogénio. As amidas de anéis de 10 átomos são quase perpendiculares ao eixo da hélice, enquanto as amidas de anéis de 12 átomos estão quase alinhadas com o eixo da hélice, o que resulta num dipolo global da hélice mais pequeno. A investigação da preferência pela conformação em hélice 10/12 nos p-peptídeos foi efectuada utilizando cálculos de mecânica molecular em solução[146a] .

Conformações da folha

Existem dois tipos de estruturas secundárias possíveis para os p-peptídeos, uma em que o ângulo de torção Ca-Cp dos resíduos tem uma conformação *anti* e outra em que a ligação Ca-Cp tem uma conformação *gauche.* Todos os carbonilos da espinha dorsal estão dispostos na mesma direção, conduzindo a um dipolo líquido na categoria "*anti*" da folha de p-peptídeo. Por outro lado, as folhas de p-peptídeo do tipo "gauche" não possuem um dipolo líquido. A estrutura secundária da folha foi deduzida para os poli-p-aminoácidos[156] , por exemplo, o poli-p-Ala cristaliza-se como uma estrutura em forma de folha estendida[157] mas em solução apresenta uma estrutura desordenada[158] . Além disso, as estruturas cristalinas de alguns p-peptídeos cíclicos[159] apresentam uma estrutura de folha p. Os oligómeros de resíduos de p-aminoácidos dissubstituídos com configuração sintetizada apresentam a maior propensão para formar estruturas secundárias em forma de folha[160] (**Figura 1.12**). Além disso, a literatura apresenta estudos teóricos de modelos de p-peptídeos para revelar os aspectos da formação de folhas[161] . **A Tabela 1.5** apresenta vários parâmetros geométricos das estruturas secundárias dos péptidos-p.

Outras estruturas secundárias

Existem alguns exemplos de p-peptídeos que revelam a presença de outras estruturas secundárias para além da estrutura regular. Por exemplo, o homooligómero de tert-butil-dimetilsilil-fenilisoserina apresenta uma conformação de cadeia torcida[162] que é estabilizada por interações electrostáticas, interações de van der Waals e ligações de hidrogénio bifurcadas. Do mesmo modo, a estrutura dos ácidos nucleicos peptídicos com base em P3-HAla é provavelmente regida pela ligação de hidrogénio e pelo empilhamento n aromático da cadeia lateral que contém nucleobase[163] . Os oligo-PCA, oligo-Nip e oligo-peptídeos P3-homoprolina parecem formar estruturas sem ligações de hidrogénio[164] , com semelhança com as hélices de poliprolina.

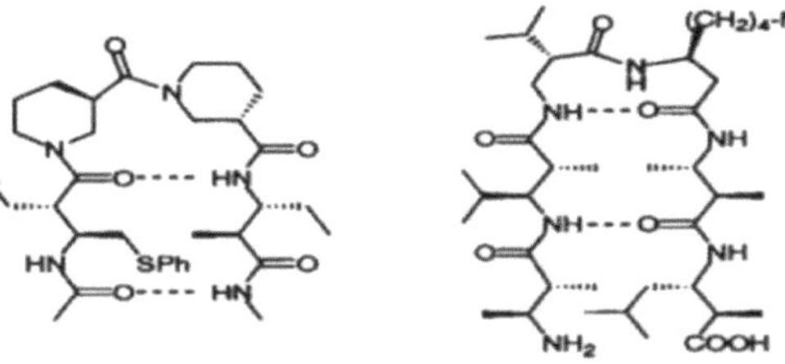

Figura 1.12 Estrutura secundária da folha em dois P-peptídeos diferentes. (De R. P. Cheng, S. H. Gellman, W. F. DeGrado, *Chem. Rev.* **2001**, *101*, 3219-3232).

estrutura	resíduos/volta	subir (A)	passo (A)	0(deg)	(deg)	ÿ (graus)
C -fitac	1.7	4.0	6.8	99.2	62.9	175.8
^-strand		4.9		180.0	180.0	180.0
10/12-hélice	2.7	2.1	5.7	-99.3/89.5	61.3/65.9	89.9/-110.6
14-hélice	3.1 (3.0)	17(1.6)	5.2 (5.0)	-141.6	59.9	-133.3
12-hélice	27(2.5)	2.2 (2.1)	5.9 (5.6)	-88.5	89.3	-111.4
1 o-hélice	2.6	2.3	6.0	73.5	51.3	73.6
2 -fita8	2.2	3.0	6.7	-111.5	68.6	13.9

Tabela 1.5 Vários parâmetros geométricos das estruturas secundárias dos péptidos P. (De Y. D. Wu, W. Han, *et. al., Acc. Chem. Res.* **2008**, *41*, 1418-1427).

1.8.2 p-Alanina

O principal p-aminoácido natural é a p-Alanina[165] ou ácido 3-aminopropiónico, que é um análogo estrutural do ácido Y-aminobutírico (GABA) e da glicina, funcionando como neurotransmissor[166] . É um constituinte do ácido pantoténico (vitamina B5), da coenzima A e dos péptidos naturais caronosina e anserina[167] . A ausência de um centro quiral e a maior flexibilidade da espinha dorsal molecular da p-alanina conduzem a um certo número de conformadores da sua forma neutra na fase gasosa. A análise experimental[168] detalhada e a análise teórica[169] conformacional da p-alanina em fase gasosa foram efectuadas anteriormente na literatura. O exame minucioso dos espectros de RMN dos conformes da p-alanina gerados por simulações *ab initio* também foi referido[170] . A conformação global de péptidos curtos que contêm moléculas de p-alanina depende principalmente dos efeitos *-gauche* e - *trans* da ligação etileno central do resíduo de p-alanina, apoiados pelos dados experimentais disponíveis (**a Tabela 1.6** apresenta os péptidos à base de p-alanina, juntamente com os valores dos ângulos diedros, a conformação e as referências[171-179]). A propensão para a dobragem-desdobragem das duas unidades de metileno é influenciada por vários factores, tais como as restrições conformacionais devidas a resíduos adjacentes, a natureza química do substituinte acíclico da cadeia lateral e os efeitos ambientais[171] . Além disso, existem numerosos estudos teóricos sobre as preferências conformacionais dos péptidos à base de p-alanina (**Quadro 1.7**[141d, 144a, 146a,b, 180-182]).

Péptidos	<I>	*V*	*V*	Conformação	Referência
tBoc-ß-Ala-Aib-OCHß	138.8 -106.4	-71.0 161.2	137.8 142.7	*gauche* *trans*	171
tBoc-ß-Ala-Acc[6] -OCH3	134.2	-64.8	145.8	*gauche*	172
tBoc-ß-Ala-NHCHß	-145.5	171.6	154.5	*trans*	173
tBoc-ß-Ala-Aib-ß-Ala-NHCH3	136.0 83.0	-62.0 -177.0	100.0 -117.0	*gauche* *trans*	174
tBoc-ßAla-OH	87.0	67.0	-	*gauche*	175
tBoc-ß-Ala-L-Ala-NHCHß, tBoc-ß-Ala-D-Ala-NHCH	+121.0	+167.0	+118.0	*trans*	176
tBoc-Pip -ß-Ala-NHCH	123.0	-60.2	134.7	*gauche*	177
tBoc-Pro-ß-Ala -NHCH3	87.0	-155.0	-159.0	*trans*	178
tBoc-Aib-ß-Ala-NHCH3	-132.8	165.0	131.0	*trans*	179
tBoc-Ala-ß-Ala-NHCH3	135.9	-175.8	-163.4	*trans*	179
tBoc-Aib-Aib-ß-Ala-NHCH3	-88.8	71.0	- 101.3	*gauche*	179

Tabela 1.6 Peptídeos baseados em P-alanina com valores de ângulo diedro, conformação e referências.

Péptidos à base de P-Alanina	**Nível do método utilizado**	**Referências**
Ac-P-Ala-NHMe	Mecânica quântica (HF & MP2)	180
Ac-P-Ala-NHMe	Mecânica quântica (HF)	181
For-p-Ala-NH2	Mecânica quântica (RHF, B3LYP, MP2, CCSD e CCSD(T))	182
Ac-P-Ala-NH2	Mecânica quântica (HF & MP2)	144(a)

Ac-(P-Ala)n-NH2 (n=3, 6)	Mecânica molecular (campo de forças MM2*) e mecânica quântica (HF &B3LYP)	146(a)
Ac-(P-Ala)n-NH2 (n=1-9)	Mecânica quântica (HF e B3LYP)	141(d)
Ac-(P-Ala)6-NHMe	Mecânica molecular (CHARMm23.1) e mecânica quântica (HF)	146(b)

Tabela 1.7 Estudos teóricos utilizados para investigar as preferências conformacionais dos péptidos à base de p-alanina.

1.8.3 Ácido 2-aminociclohexanocarboxílico (ACHC)

Os ácidos 2-aminocicloalcano-carboxílicos (2-ACAC) são um dos análogos do p-aminoácido com restrições de conformação, em que os dois carbonos da espinha dorsal (ligação C -C[ap]) são incorporados num pequeno carbociclo (anéis de 3-6 membros). Os p-aminoácidos alicíclicos servem de precursores ou blocos de construção para a preparação de vários compostos biológica e medicamente activos (como se mostra no **esquema 1**[183]). Foram concebidos vários análogos da endomorfina através da introdução de resíduos de p-aminoácidos alicíclicos 2-ACHC no lugar do aminoácido prolina presente no tetrapeptídeo parental, que apresentou as afinidades mais elevadas para o recetor ^-opióide[184] . A síntese e a aplicabilidade dos ácidos 2-aminocicloalcanocarboxílicos também foram analisadas[183,185] . A fração ciclo-hexano dos ácidos 2-aminociclo-hexanocarboxílicos (ACHC), tanto *cis* como *trans*, mostra preferência pela conformação em cadeira[139g,186] . Principalmente Gellman *et al.* sintetizaram e caracterizaram o ácido trans-2-aminociclohexanocarboxílico (trans-2-ACHC) oligómeros[139f,g,141b,145a,b,147,186a] . Os oligómeros do ácido trans-2- aminociclohexanocarboxílico revelam uma maior tendência para formar uma conformação helicoidal de 14 hélices[139f,g,141b,145a,b,147,186a] ,enquanto que cis-2- Os oligómeros de ácido aminociclohexanocarboxílico adoptam conformações 12/10-helicoidais em solução[186b] . Nos péptidos à base de ACHC, a preferência pelo tipo de conformação em hélice é fortemente afetada pelo número de aminoácidos num péptido e pelos grupos de bloqueio terminais[152,187] . Os heterooligómeros compostos por resíduos alternados de a- e p-aminoácidos cíclicos mostram uma forte propensão para estruturas secundárias helicoidais, a maioria dos quais apresenta simultaneamente duas conformações helicoidais diferentes[188] . Nestes foldemers heterogéneos baseados na espinha dorsal, os resíduos p cíclicos limitados servem de pré-organização conformacional e a introdução de cadeias laterais específicas em posições específicas é facilitada pelos resíduos a. A síntese e a caraterização estrutural de péptidos cíclicos que incorporam o ácido carboxílico *cis-* ou *trans-2-aminociclohexano* (ACHC) foram também comunicadas[189] . Recentemente, as propriedades de complexação metálica dos dipeptídeos que contêm ácido *cis-* ou *trans-2-aminociclohexanocarboxílico* (ACHC) foram investigadas através da utilização de várias técnicas EPR e cálculos DFT[190] . Os péptidos de base ACHC apresentam atividade antifúngica[191] e são úteis na criação de cristais líquidos liotrópicos[192] . As técnicas experimentais e teóricas utilizadas para investigar a propensão conformacional de vários péptidos à base de 2-ACHC, juntamente com as respectivas referências, estão resumidas na **Tabela 1.8139f**,h,145b,186a,193-196.

Scheme 1

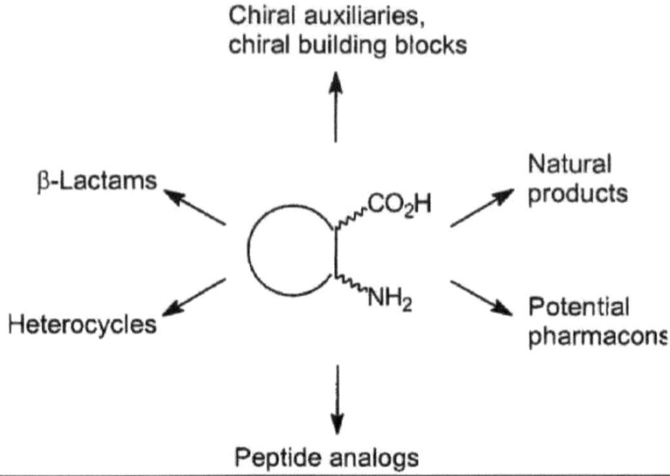

Adaptado de F. Fulop, *Chem. Rev.* **2001**, *101*, 2181-2204.

Péptidos	Técnicas de análise conformacional	Referências
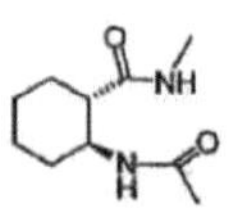	Simulações MC/SD e Simulação AMBER*C (MC = Monte Carlo, SD = Dinâmica estocástica)	139(h)
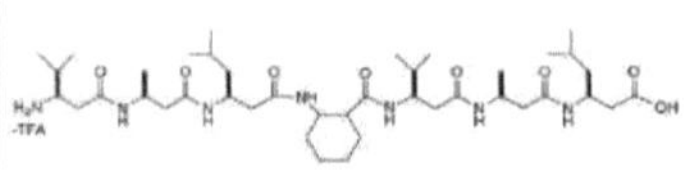	Espectroscopia CD e NMR	193
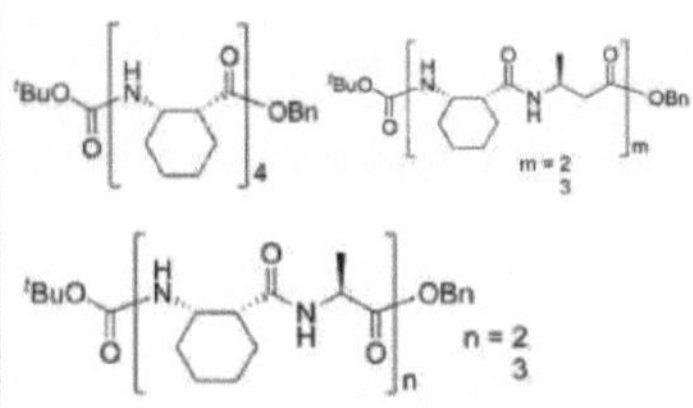	Espectroscopia NMR bidimensional e cristalografia de raios X	194
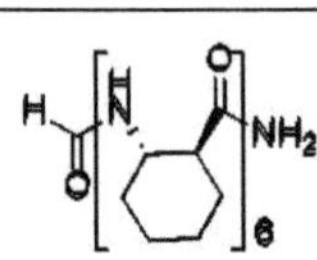	Cálculos de química quântica e espetroscopia 1H-NMR	195

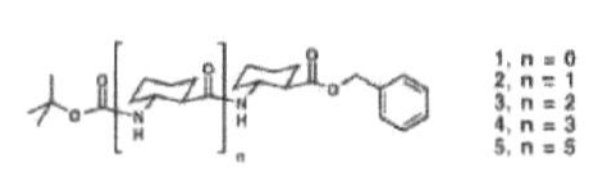	Cristalografia de raios X e espetroscopia NMR	139(f)
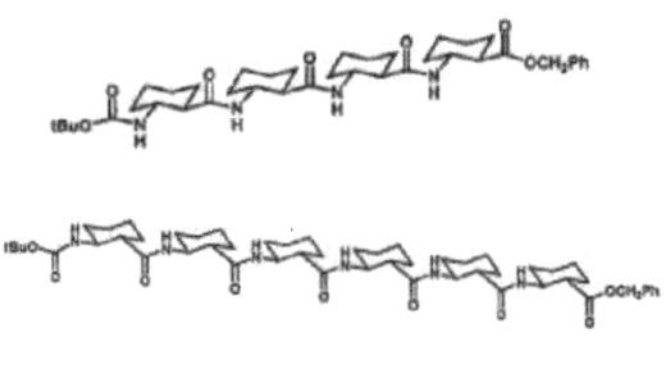	Cristalografia de raios X e espetroscopia CD	186(a)
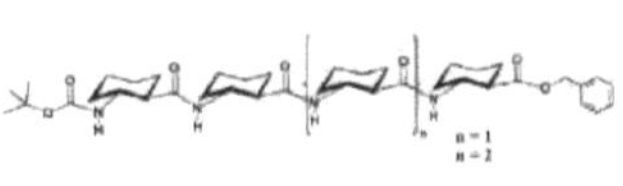	Espectroscopia NMR e simulação de dinâmica molecular	145(b)
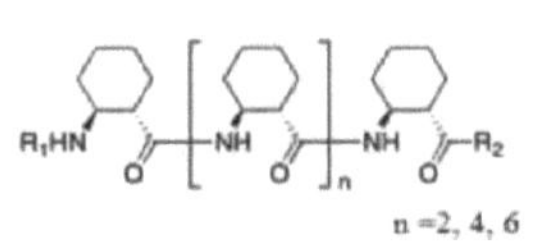	Simulação de dinâmica molecular	196

Tabela 1.8 Técnicas experimentais e teóricas utilizadas para investigar a propensão conformacional de vários péptidos baseados em 2-ACHC, juntamente com as respectivas referências.

Capítulo 2

Métodos teóricos

2.1 Teoria do Funcional da Densidade

A teoria do funcional da densidade (DFT)[1] é atualmente a abordagem química quântica mais bem sucedida e promissora para calcular as propriedades do estado fundamental de átomos e moléculas. É muito mais simples e computacionalmente menos dispendiosa em comparação com os métodos baseados na função de onda. Nesta secção é apresentada uma breve ilustração dos conceitos básicos subjacentes à DFT.

$$\hat{H} = -\sum_{i=1}^{n}\frac{1}{2}\nabla_i^2 + \sum_{i=1}^{n}\sum_{j>i}^{n}\frac{1}{|\mathbf{r}_i - \mathbf{r}_j|} - \sum_{i=1}^{n}\sum_{I=1}^{N}\frac{Z_I}{|\mathbf{r}_i - \mathbf{R}_I|} + \sum_{I=1}^{N}\sum_{J>I}^{N}\frac{Z_I Z_J}{|\mathbf{R}_I - \mathbf{R}_J|} \qquad (2.1)$$

A equação de Schrodinger independente do tempo para um sistema de n electrões com N núcleos segundo a aproximação de Born-Oppenheimer[2] é dada por

Na eq. (2.1), o primeiro termo corresponde à energia cinética dos electrões e as interações interelectrónicas são descritas pelo segundo termo. Os dois últimos termos descrevem as interações eletrão-núcleos e núcleo-núcleos, respetivamente. Aqui, ris e *RIs* denotam coordenadas electrónicas e nucleares, e as cargas nucleares são representadas por *ZIs* (a.u.). Nos cálculos DFT, a variável básica é a densidade eletrónica em vez da função de onda de muitos corpos do estado fundamental presente nos métodos *ab initio*. A densidade eletrónica é dada por:

$$\rho(r) = N\int d^3r_2 \int d^3r_3 \ldots \int d^3r_N \mid \Psi(r, r_2, \ldots, r_N) \mid^2 \qquad (2.2)$$

O teorema de Hohenberg-Kohn (HK)[1a] , constitui a base da teoria do funcional da densidade (DFT). De acordo com o teorema HK, a densidade eletrónica determina de forma única o operador Hamiltoniano e, consequentemente, todas as propriedades do sistema. A equação de Hohenberg-Kohn para a energia do estado

$$E_0[\rho] = T[\rho] + \int \rho(r)v_{ext}(r)dr + V_{ee}[\rho] \qquad (2.3)$$

fundamental pode ser expressa como

Onde, os termos do lado direito da equação acima representam a energia cinética eletrónica, a interação devida ao potencial externo criado pelos núcleos e a energia de interação eletrão-eletrão, respetivamente. Não se conhece a interpretação exacta das energias cinética e de interação eletrónica como funcionais da densidade. Kohn e Sham (KS)[1b] , em 1965, propuseram um esquema para a aproximação destes funcionais de energia não identificados. A energia cinética é expressa como a energia cinética exacta de um sistema não interagente (com N electrões não interagentes) com a mesma densidade que a do sistema interagente real[1b] .

A densidade do estado fundamental é representada por,

$$T_s[\rho_s] = \sum_i^N \langle\psi_i^{KS}| - \frac{1}{2}\nabla^2|\psi_i^{KS}\rangle \qquad (2.4)$$

$$\rho_s(r) = \rho(r) = \sum_i^N |\psi_i^{KS}(r)|^2 \qquad (2.5)$$

Aqui, p(*r*) e Y i^{KS} *(r*) definem a densidade do estado fundamental do sistema real e o conjunto de orbitais ortonormais de Kohn-Sham, respetivamente. Combinando a Eq. (2.3) com as Eqs. (2.5) e (2.4), obtém-se a equação final[1b] ,

$$E^{KS}[\rho] = \int \rho(r)v_{ext}(r)d(r) + T_s[\rho] + \frac{1}{2}\int\int \frac{\rho(r_1)\rho(r_1)}{|r_1 - r_2|}dr_1dr_2 + E_{xc}[\rho] \qquad (2.6)$$

Aqui, *Exc*[p] representa o funcional de troca-correlação que tem em conta a energia de troca e de correlação. A conhecida equação KS é obtida após a minimização de E^{KS} [p] em relação às orbitais

$$\{-\frac{1}{2}\nabla^2 + v_{ext} + \int dr\prime \frac{\rho(r\prime)}{|r - r\prime|} + \frac{\delta E_{xc}[\rho(r)]}{\delta\rho(r)}\}\psi_i(r) = \varepsilon_i\psi_i(r) \qquad (2.7)$$

A exatidão da energia do estado fundamental depende da exatidão do funcional de correlação de troca, que é desconhecido, pelo que é necessária uma aproximação. Uma das aproximações mais simples é a aproximação da densidade local (LDA)[3] que depende do valor da densidade eletrónica em cada ponto do espaço. É possível melhorar as aproximações LDA considerando o gradiente da densidade eletrónica, o que leva ao desenvolvimento da Aproximação do Gradiente Generalizado (GGA). Uma das aproximações mais populares na categoria GGA é a B3LYP[4] , que incorpora o funcional de troca de Becke[5] 88, 3-parâmetros e o funcional de correlação de Lee, Yang e Parr[6] .

2.1.1 B3LYP (Becke, 3 parâmetros, Lee-Yang-Parr)

B3LYP[4] é um funcional híbrido na teoria do funcional da densidade (DFT). Os funcionais híbridos são aproximações melhoradas à componente de energia de correlação de troca da energia total de um sistema de electrões que incorpora uma parte da troca exacta da teoria de Hartree-Fock com troca e correlação da DFT. B3 é o funcional de correlação de troca de 3 parâmetros de Becke que utiliza 3 parâmetros para misturar a correlação de troca Hartree-Fock exacta e LYP é o funcional de correlação de Lee Yang e Parr que recupera a correlação eletrónica dinâmica. Foi um dos primeiros métodos DFT que representou uma melhoria significativa em relação ao Hartree-Fock. O B3LYP é geralmente mais rápido do que a maioria das técnicas de Post Hartree-Fock e geralmente produz resultados comparáveis.

2.2 Teoria de Perturbação de Moller Plesset

Os métodos Post Hartree Fock[7] são considerados melhores do que HF[8] , uma vez que tomam os cálculos HF como ponto de partida e tentam melhorar os resultados finais tendo em conta a correlação eletrónica. A teoria HF assume que cada eletrão interage com um campo médio criado por todos os outros electrões, ou seja, Hartree-Fock substitui a repulsão instantânea eletrão-eletrão de acordo com a lei de Coulomb (E a 1/rij) pela repulsão de cada eletrão com uma nuvem de carga eletrónica média. Este facto introduz um erro na função de onda e, consequentemente, na energia. A acumulação de erros devida a este facto é designada por energia de correlação. As forças de dispersão surgem principalmente devido a esta correlação eletrónica e, por conseguinte, não são tidas em conta na teoria HF.
A energia de correlação, em termos matemáticos, pode ser explicada como a diferença entre a energia HF no conjunto de bases completo e a energia exacta.

$$E_{corr} = E_{exact} - E^{0}_{HF} \qquad (2.8)$$

A teoria de perturbação Moller-Plesset (MPn)[9] é um dos métodos pós-Hartree-Fock que apresenta melhorias em relação ao HF ao considerar os efeitos de correlação eletrónica através da teoria de perturbação Rayleigh-Schrodinger. A teoria das perturbações de Moller - Plesset toma como ponto de partida a função própria do operador de Fock e melhora-a adicionando os efeitos de correlação eletrónica. Para um estado perturbado, Ti, a equação de Schrödinger pode ser escrita como:

$$\hat{H}\ \Psi_i = (\hat{H}^0 + \lambda\hat{U})\ \Psi_i = E_i\ \Psi_i \qquad (2.9)$$

Onde λ é um parâmetro real arbitrário e U traz a perturbação para o estado não perturbado $\hat{H}^0$. Só é necessária uma pequena perturbação, pelo que X é mantido
muito pequena. A expansão em série da cauda em X produz termos que representam a energia HF e também a maior parte da energia de correlação. Os termos de ordem 0th são basicamente a equação de Schrödinger não perturbada $\hat{H}^0\ \Psi^0\ \ E^0\ \Psi^0$.

Os termos com potência de λ igual a 1 constituem a equação de ordem 1st como

$$\hat{H}^0\ \Psi^1 + \hat{H}^1\Psi^0 = E^0\ \Psi^1 + E^1\ \Psi^0 \qquad (2.10)$$

A $E^1 + E^0$ corresponde à energia de hartree-fock do estado fundamental. A perturbação de segunda ordem[10] é responsável pela energia de correlação de 80% a 90%. A segunda ordem pode ser escrita como

$$\hat{H}^0\ \Psi^2 + \hat{H}^1\Psi^1 + \hat{H}^2\Psi^0 = E^0\ \Psi^2 + E^1\ \Psi^1 + E^2\ \Psi^0 \qquad (2.11)$$

As correcções energéticas de segunda ordem que incluem apenas os termos duplamente excitados podem ser

$$E_0^{(2)} = \sum_{i \neq 0} \frac{|\langle \Phi_0 | \hat{H}' | \Phi_i \rangle|^2}{E_0^{(0)} - E_i^{(0)}} \quad \textbf{(2.12)}$$

escritas da seguinte forma

2.3 Conjunto de base

Nos cálculos de estrutura molecular, um conjunto de bases é definido como um conjunto de funções (normalmente orbitais atómicas (AOs) centradas nos átomos) que são combinadas em combinações lineares para criar orbitais moleculares (MOs)[11, 12] . Os conjuntos de bases mais comuns são feitos combinando linearmente as orbitais do tipo Slater (STOs) ou as orbitais do tipo Guassian (GTOs). 6-311+G (d,p) ou 6311+G** é um conjunto de bases de valência dividido que utiliza funções de conjuntos de bases diferentes para os OAs de núcleo e de valência separadamente. Estes tipos de conjuntos de bases são também conhecidos como conjuntos de bases de Pople[11] .

Explicação da nomenclatura 6-311+G (d,p) ou 6-311+G**

Trata-se de um conjunto de bases zeta triplo de valência dividida. O "G" no nome indica simplesmente que são utilizadas primitivas gaussianas. Os números inteiros 6 e 3 à esquerda
e o lado direito do traço no nome do conjunto de bases dão o valor do número de primitivas gaussianas utilizadas para representar as funções de base do núcleo e da valência. Cada função de base do núcleo é composta por seis funções gaussianas. O espaço de valência é dividido em duas funções de base, frequentemente designadas por funções interna e externa. A função de base interna é composta por três funções Gaussianas contraídas, enquanto cada função de base externa é uma única função Gaussiana. A melhoria dos conjuntos de bases pode ser efectuada através do processo de polarização, ou seja, adicionando funções de número quântico superior,[12] por exemplo (função de tipo p para H e He, funções de tipo d para os elementos da primeira fila, etc.). As funções de polarização dão mais espaço para os electrões se afastarem uns dos outros para minimizar a repulsão eletrão-eletrão. A adição de funções de polarização é indicada por um asterisco, * ou como (d), (f), etc. O * simples ou (d) significa que é adicionado um conjunto de funções de polarização do tipo d a cada átomo que não seja de hidrogénio na molécula. O duplo ** ou (d,p) significa que um conjunto de funções de polarização do tipo d é adicionado aos não-hidrogénios e um conjunto de funções de polarização do tipo p é adicionado aos hidrogénios. Outra adição comum aos conjuntos de bases é a inclusão de funções de difusão[12] . Estas são adicionadas para fornecer descrições mais precisas de aniões ou moléculas neutras com pares não partilhados. A adição de funções de difusão é indicada nos conjuntos de bases do tipo Pople por um sinal de mais, +. Dois sinais de mais ++ indicam que as funções de difusão também são adicionadas aos átomos de H e He.

2.4 MDCA (Análise Conformacional Multidimensional)

A Análise Conformacional Multidimensional (MDCA)[13] é uma abordagem para encontrar mínimos no espaço conformacional de uma molécula sem a exploração de toda a superfície de energia potencial. Baseia-se na previsão do número máximo de mínimos ao longo de qualquer ângulo de torção. O número de mínimos ao longo da rotação de um ângulo de torção depende basicamente dos estados de hibridação dos átomos nas posições *i+1* e *i+2.* Os mapas de Ramachandran 2D *(0, W)* resultaram num número máximo de nove mínimos. Isto deve-se ao facto de o potencial de torção ao longo de *0* e *W* ter três mínimos (g^+, *a* e g^-). Portanto, dentro da lei da análise conformacional, deve haver nove conformadores legítimos. A descrição deste conceito também é apresentada na secção Métodos Computacionais do Capítulo 4 da tese.

2.5 Modelos de solvatação implícitos

O princípio geral subjacente aos modelos de solvente implícito consiste principalmente em calcular a média dos efeitos de todas as moléculas de solvente, integrando efetivamente as coordenadas que caracterizam as moléculas de solvente[14] . Isto simplificaria a descrição das moléculas do solvente, simplificando assim o cálculo da energia do sistema soluto-solvente. A propriedade macroscópica, como a constante dieléctrica, é utilizada para descrever o solvente e, subsequentemente, o campo criado pelas moléculas do solvente interage com o soluto. O modelo de solvatação implícito inicia-se com a criação de uma cavidade no interior do meio polarizável para deter a molécula de soluto. Existe um custo energético para a cavitação, AGcav, devido às interações solvente-solvente que são removidas. O soluto é então localizado na cavidade, resultando em interações electrostáticas e não electrostáticas entre o soluto e o meio polarizável. O soluto induz uma polarização do meio dielétrico e o meio induz uma polarização no soluto. Esta contribuição eletrostática, AGelec, considerou estes termos atractivos juntamente com o custo energético da polarização do soluto e do solvente. A contribuição fundamental não eletrostática para a energia de solvatação, AGnonelec, é a dispersão, mas outros aspectos podem entrar em jogo, como o componente não eletrostático da ligação de hidrogénio. A energia de solvatação total é então a soma destas três contribuições energéticas:

$$\Delta Gsolvation = \Delta Gelec + \Delta Gcav + \Delta Gnonelec \qquad \textbf{(2.13)}$$

A equação de Poisson (Eq. **(2.14)**) descreve a eletrostática de um dielétrico meio com uma espécie carregada incorporada:

$$4\pi\varepsilon\sigma\,(r_s) = (\varepsilon - 1)\,\mathbf{F}\,(r_s) \qquad \textbf{(2.14)}$$

Onde **F**(r) e (r) são o campo elétrico perpendicular à cavidade e a densidade de carga no ponto r da superfície da cavidade. Se o soluto tiver uma carga diferente de zero, aplica-se a equação de Poisson-Boltzmann. Uma vez resolvida esta equação, o Hamiltoniano é definido como

$$H = H\mathbf{0} + Vs \qquad \textbf{(2.15)}$$

em que o potencial Vs é

$$\mathbf{V_s(r)} = \int \frac{\sigma(r_s)}{|\mathbf{r} - r_s|} \mathrm{d}r_s \qquad \textbf{(2.16)}$$

Note-se que a distribuição da carga do soluto (a partir da sua função de onda) entra na definição do potencial Vs, pelo que esta equação deve ser resolvida iterativamente, dando assim origem ao termo campo de reação autoconsistente (SCRF)[15] .

2.5.1 SCRF (Campo de reação autoconsistente)

O SCRF (Campo de Reação Auto-Consistente) é um método de contabilizar o efeito de um solvente polarizável no sistema quântico. O solvente é modelado como um contínuo dielétrico com uma constante dieléctrica que preenche o espaço exterior ao sistema quântico. A fronteira entre o interior (onde a constante dieléctrica é a unidade) e o exterior dielétrico superior é a superfície molecular. As cargas do sistema quântico causam a polarização deste continuum, dando origem a um campo de reação que depois actua sobre o sistema quântico, alterando potencialmente a sua distribuição de cargas. O algoritmo SCRF calcula o campo de reação através de soluções para a equação de Poisson ou Poisson-Boltzmann, e obtém iterativamente a auto-consistência entre o campo de reação e a distribuição de cargas do sistema quântico. Estas ideias estiveram envolvidas no desenvolvimento do modelo de solvatação de Onsager e do Modelo Contínuo Polarizável (PCM).

2.5.2 Modelo contínuo polarizável (PCM)

Um dos métodos de solvatação implícita é o Modelo Contínuo Polarizável (PCM)[16] . Neste modelo, o soluto, que pode ser uma molécula única ou um aglomerado que contém o soluto e algumas moléculas de solvente relevantes, é representado de forma quântico-mecânica, enquanto o solvente é aproximado como um contínuo polarizável sem estrutura cuja interação com o soluto é arbitrada pela sua permissividade, *e*. A molécula ou soluto sob investigação é acomodado no interior de uma cavidade de esferas interligadas com uma dimensão tipicamente 20% superior ao raio de Vander Waals. Os efeitos electrostáticos são avaliados aplicando a equação de Poisson, que é resolvida utilizando a distribuição de cargas aparentes na superfície da cavidade[17] e os efeitos não electrostáticos são tratados utilizando uma forma da Eq. (2.17)

$$\Delta G_{\mathrm{CDS}} = \sum_{k}^{\mathrm{atoms}} A_k \sigma_k \qquad \textbf{(2.17)}$$

Nesta equação, o termo AGCDS refere-se à energia de solvatação, energias atribuíveis à cavitação, dispersão e outras forças de curto alcance, *Ak* é a área de superfície exposta (talvez a área de superfície acessível ao solvente) do átomo *k*, e *k* é a "tensão superficial" do átomo *k*.

Ao longo dos últimos anos este modelo tem sofrido algumas melhorias e variações por parte de vários grupos de investigação, tais como, os grupos de Tomasi[18] , Cossi e Barone[19] , e Orozco e Luque[20] . IEF-PCM[18c] é a implementação mais atual, para o formalismo de equação integral, melhora o desempenho do código, especialmente na obtenção de gradientes.

2.6 Abordagem de adaptação molecular (MTA)

A abordagem de adaptação molecular (MTA) é um método baseado na divisão e conquista, em que o sistema-mãe é dilapidado numa série de fragmentos sobrepostos nos quais são efectuados cálculos *ab initio*. O resultado para o sistema-mãe é avaliado através da combinação dos resultados de fragmentos individuais, utilizando o princípio de inclusão-exclusão de conjuntos[21] . A descrição pormenorizada da metodologia MTA foi fornecida em várias publicações do grupo de S. R. Gadre[22] . Apresenta-se de seguida um breve resumo:

Nos cálculos do MTA, a molécula-mãe espacialmente alargada é dissecada num conjunto de fragmentos principais *[fi, fj, ... ,fk]* e fragmentos sobrepostos, isto é, secundários, $fi \cap fj$, etc., e fragmentos ternários sobrepostos,

$fi\, fj \cap \cap \cdots \cap fk$, etc. A energia total E da matriz

é calculada a partir das energias dos fragmentos correspondentes, utilizando a expressão de cardinalidade[22b]

$$E = \sum E^{fi} - \sum E^{fi \cap fj} + \cdots + (-1)^{k-1} \sum E^{fi \cap fj \cap \cdots \cap fk}. \qquad \textbf{(2.18)}$$

A qualidade do esquema de fragmentação é medida pelo parâmetro R-goodness (Rg). O Rg de um átomo *ai* no fragmento *fi* é descrito como o raio máximo da esfera centrada em *ai*, de tal forma que todos os átomos dentro desta esfera também estão incluídos no fragmento fi. Em seguida, o mínimo dos valores de Rg de todos os átomos da molécula-mãe é considerado como o Rg do esquema de fragmentação. A explicação completa deste parâmetro foi dada em vários relatórios[22a,b,c,23] .

Foi comunicada a aplicação de uma abordagem de adaptação molecular (MTA) para o cálculo das propriedades de um eletrão, como a densidade eletrónica e o potencial eletrostático de muitas moléculas não lineares de grandes dimensões, como a silicalite, o aglomerado de ibuprofeno e muitas outras moléculas[24] . Também se procedeu à manipulação do método MTA para o aplicar à avaliação de outras propriedades moleculares, por exemplo, foi desenvolvida uma nova versão do MTA, a CG-MTA, para otimização da geometria e subsequentes cálculos de frequências vibracionais[22b,25] . Foi comunicada a aplicabilidade do método MTA baseado na fragmentação a alguns sistemas unidimensionais e bidimensionais n-conjugados selecionados, no âmbito da DFT, para a avaliação da energia numa geometria fixa[23a] . Recentemente, Gadre e colaboradores propuseram a utilização da abordagem de adaptação molecular (MTA) para a estimativa das energias das ligações H intramoleculares O-II...O e N-H...O=C, em compostos polihidroxilados e polipeptídicos[26] , em que uma molécula é dividida num conjunto de fragmentos adequadamente construído. As energias de ponto único dos fragmentos são então adicionadas e subtraídas de forma adequada para a estimativa da energia de ligação H. Foi demonstrado que o erro típico envolvido no cálculo é bastante pequeno (~0,5 kcal/mol). A estimativa da energia das ligações de hidrogénio intramoleculares utilizando a abordagem MTA pode ser ilustrada com o exemplo do 1,2,4-pentanetriol[26c] .. Neste caso, a molécula-mãe (M) é cortada em três fragmentos sobrepostos F1, F2 e F3, que são obtidos através da substituição de um grupo -OH por um átomo de hidrogénio (**Figura 2.1**). Estas regiões cortadas estão representadas por círculos a tracejado na molécula original. Os fragmentos F4, F5 e F6 são reunidos através da intersecção destes fragmentos básicos, ou seja, (F1 $\cap$ F2), (F1 $\cap$ F3) e (F2 $\cap$

F3), respetivamente. O fragmento F7 é a intersecção comum de três fragmentos F1, F2 e F3, ou seja, (F1 F2 $\cap$ $\cap$ F3). Um único ponto

A avaliação da energia (a otimização não é realizada para evitar alterações conformacionais) foi efectuada em todos os sete fragmentos obtidos pelo procedimento de fragmentação acima referido, utilizando qualquer nível de teoria.

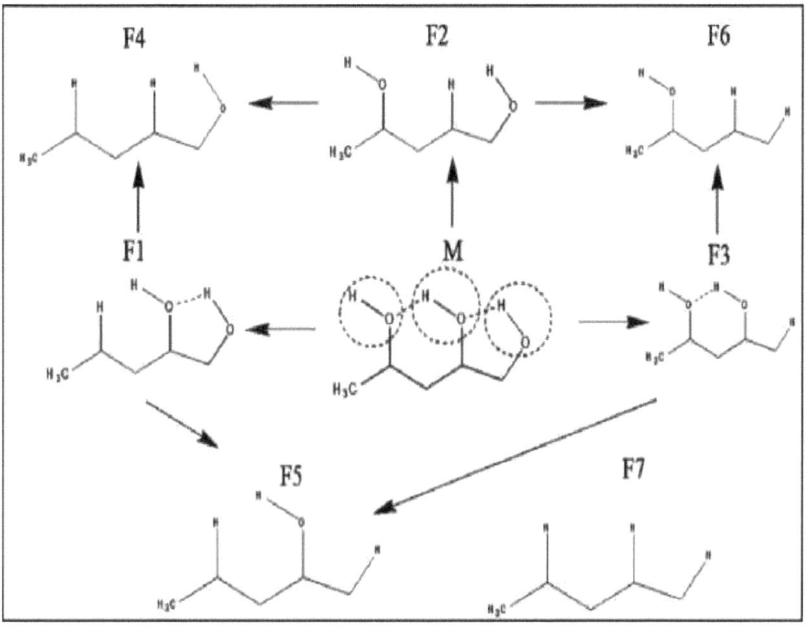

Figura 2.1 Esquema de fragmentação do 1,2,4-pentanotriol (representado por M). (Adaptado de M. M. Deshmukh, S. R. Gadre, L. J. Bartolotti, *J. Phys. Chem. A* **2006**, *110*, 12519-12523).

Capítulo 3

Estruturas, estabilidade e
ligações de hidrogénio em conformadores de inositol

3.1 Introdução

O inositol é um álcool seis vezes maior do que o ciclo-hexano. Os derivados mais abundantes do inositol incluem os seus ésteres metílicos e ésteres fosfatados. Os derivados do inositol funcionam como moléculas de transdução de sinal intracelular[1-4] e desempenham assim papéis importantes em várias actividades biológicas.[5-8] Os derivados amino ou amino substituídos do inositol também estão presentes em muitos antibióticos.[9-10] Os derivados do inositol são amplamente utilizados no tratamento de perturbações de pânico,[11] síndrome dos ovários poliquísticos (SOP),[12] cancro,[13] síndrome metabólica[14] etc. Os inositóis servem de bloco de construção para a síntese de produtos naturais[15-21] e cristais moleculares com propriedades invulgares.[22-23] Os "insoaminoácidos" são uma nova classe de derivados do inositol compostos por inositol e P- ou Y-aminoácidos, utilizados para a construção de nanotubos peptídicos com cavidades hidrofóbicas.[24-25]

O número máximo de estereoisómeros de uma molécula com mais do que um centro estereogénico é dado pela regra 2^n (onde, n= número de centros estereogénicos), que no caso do inositol deveria ser sessenta e quatro (26). A simetria inerente ao inositol, por se tratar de um anel cíclico de seis membros, reduz os estereoisómeros distintos possíveis a dezasseis. Destes, seis são constituídos por três pares enantioméricos, enquanto os restantes são *meso-compostos*, o que conduz a apenas treze isómeros teoricamente possíveis do inositol, uma vez que os pares enantioméricos (ou seja, *dl* (4e/2a), *allo* (3e/3a) e *1,2eq* (2a/4e)) têm energias idênticas (**Figura 3.1**). Uma pesquisa na literatura revela que todos os estudos teóricos anteriores consideram apenas oito estereoisómeros, ignorando os inositóis mais substituídos axialmente.[26-28] O estudo conformacional dos inositóis é, portanto, importante, uma vez que constituem um sistema modelo simples para a investigação dos efeitos conformacionais noutros sistemas de ciclo-hexano substituídos.[29-30] Foram efectuados estudos teóricos importantes principalmente sobre os derivados fosfatados do *mio-inositol.* Para além disso, foi também apresentada a análise por RMN do isómero *O-metil* inositol, a estrutura cristalina[28] dos inositóis mio-[31] e *epi*-[32] e o estudo espetral vibracional de todos os inositóis[33] . Já foram efectuados cálculos *ab initio* dos isómeros *scyllo, myo*, *dl*, *epi* e *neo* dos inositóis, que mostram que *os inositóis myo* e *neo* têm uma energia muito mais baixa do que o inositol *scyllo.*[27]

Neste trabalho, investigamos as estruturas e a estabilidade relativa de todos os treze isómeros possíveis do inositol, empregando os níveis teóricos DFT e MP2. O efeito do solvente na estabilidade relativa destes conformadores é também discutido. É importante mostrar aqui que os padrões de ligação de hidrogénio intramolecular O 11...O e a força destas interações em termos de energia de ligação de hidrogénio (H-bond) calculada pela abordagem baseada na adaptação molecular (MTA),[34-39] nestes conformadores de inositol, tornam o *scyllo*- inositol mais estável em meios polares.

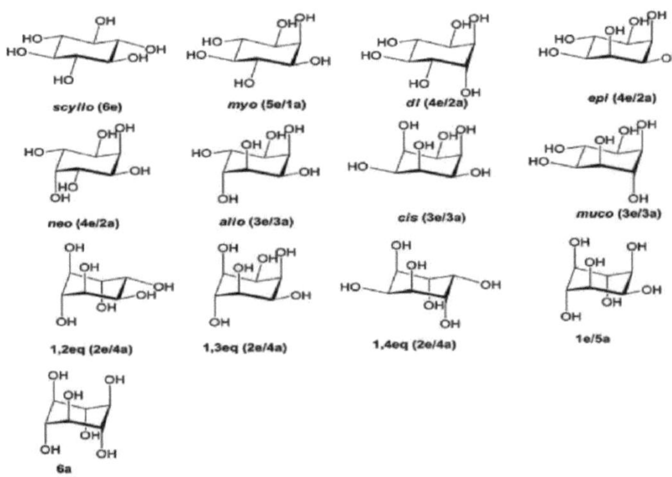

Figura 3.1 Os treze isómeros possíveis do inositol: e e eq representam os grupos hidroxilo equatoriais e a

representa os grupos hidroxilo axiais.

3.2 Métodos computacionais

As geometrias de todos os treze estereoisómeros teoricamente possíveis do inositol foram construídas e optimizadas considerando o arranjo concertado das ligações de hidrogénio intramoleculares dos grupos hidroxilo ao nível de perturbação de Moller-Plesset (MP2) de segunda ordem[40-41] empregando os conjuntos de bases 6-311+G(d,p)[42-43] . Durante a otimização das geometrias, não foi imposta qualquer simetria. Foram efectuados cálculos de frequência para caraterizar as estruturas optimizadas como verdadeiros mínimos (não foi encontrada nenhuma frequência imaginária). Para avaliar as alterações na energia dos isómeros de inositol em meios solventes, também efectuámos os cálculos de ponto único em vários solventes na teoria do funcional da densidade (DFT) B3LYP[44-46] e no conjunto de bases 6-311+G(d,p) utilizando o método do modelo contínuo polarizável (PCM)[47-51] . As energias das ligações de hidrogénio intramoleculares nos isómeros de inositol foram obtidas utilizando a abordagem de adaptação molecular (MTA).[34-39] Todos os cálculos de química quântica acima referidos foram efectuados utilizando o pacote de programas GAUSSIAN 09.[52]

3.3 Resultados e discussão

3.3.1 Geometria dos isómeros do inositol

A **Figura 3.2** apresenta as estruturas optimizadas MP2/6-311+G(d,p) de treze isómeros de inositol. Como se pode ver na **Figura 3.2**, os grupos hidroxilo nestes isómeros foram orientados para maximizar as ligações de hidrogénio internas, que se mantêm nestas estruturas optimizadas finais. Os comprimentos individuais das ligações C-C em todas estas estruturas optimizadas não mostram qualquer variação sistemática, ver **Tabela 3.1**.

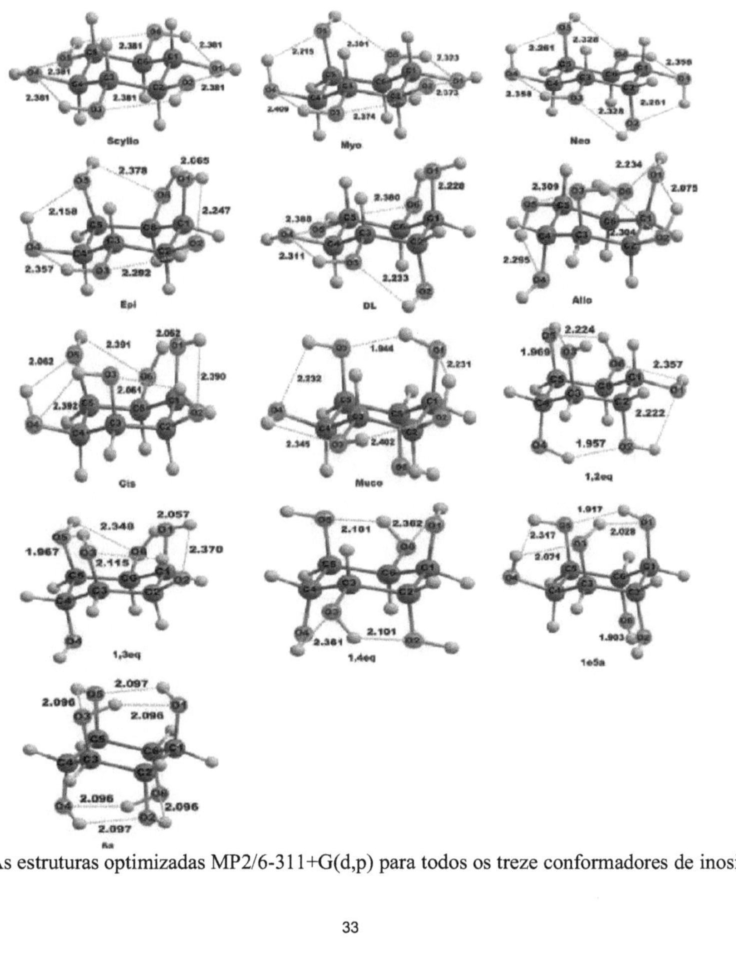

Figura 3.2 As estruturas optimizadas MP2/6-311+G(d,p) para todos os treze conformadores de inositol.

As distâncias das ligações C-C são, em geral, mais curtas do que as do ciclo-hexano, optimizadas ao nível da teoria MP2/6-311+G(d,p). Isto pode dever-se à substituição por grupos hidroxilo electronegativos, como previsto pela regra de Bent,[53-54] (os substituintes que retiram electrões tendem a reduzir o raio covalente do carbono). Em geral, observa-se que o comprimento médio da ligação C-C aumenta à medida que o número de grupos hidroxilo axiais aumenta dos isómeros de inositol *6e* para *6a*. Ver **Tabela 3.2** para as orientações axial (ax) e equatorial (eq) dos grupos hidroxilo nestes conformadores de inositol.

Isómeros de inositol	**Comprimentos médios das ligações C-C (em A)**
S cy 11 o (6e)	**1.518**
Myo(5e/1a)	**1.520**
Neo(4e/2a)	**1.522**
Epi(4e/2a)	**1.524**
Dl(4e/2a)	**1.521**
Muco(3e/3a)	**1.525**
Allo(3e/3a)	**1.525**
Cis(3e/3a)	**1.528**
l,3eq(2e/4a)	**1.529**
l,2eq(2e/4a)	**1.529**
l,4eq(2e/4a)	**1.528**
le/5 a	**1.533**
6a	**1.533**

Tabela 3.1 Comprimentos médios das ligações C-C dos isómeros do inositol calculados ao nível da teoria MP2/6- 311+g(d,p). e eq representam os grupos hidroxilo equatoriais e a representa os grupos hidroxilo axiais.
Este aumento nos comprimentos de ligação pode ser explicado com base no tamanho do anel de ligação de hidrogénio nos inositóis. Em geral, um anel com cinco membros ligado por H é mais tenso do que um anel com seis membros. Por exemplo, nos inositóis até aos isómeros 3e/3a, a ligação de hidrogénio entre grupos hidroxilo leva principalmente à formação de anéis de cinco membros ligados por H, tornando-os mais tensos e resultando em comprimentos de ligação mais curtos (cf. **Tabela 3.1** e **Figura 3.2**). Dos isómeros 2e/4a a 6a, o número de anéis com seis membros ligados por H aumenta de dois para seis devido ao aumento do número de ligações de hidrogénio axial-axial, o que faz com que o anel de ciclo-hexano se afaste ligeiramente da forma normal de cadeira, resultando no alongamento dos comprimentos das ligações C-C.
Nos inositóis, os valores do ângulo CCC não mostram qualquer dependência da posição dos grupos hidroxilo (cf. **Tabela 3.3**). O ângulo CCC médio no *scyllo* inositol é menor do que nos outros isómeros do inositol, entre 0,3 e 3,0°. Os resultados acima indicam o pequeno grau de planaridade em todos os isómeros, exceto no scyllo inositol (tendo em conta os anéis de ciclo-hexano planares cujos ângulos CCC são de 120°). Por outro lado, a orientação dos grupos hidroxilo nos inositóis mostra correlação com os valores dos ângulos OCC. Os isómeros do inositol apresentam uma vasta gama de ângulos OCC adjacentes que variam de 0,4 a 6,1°, dependendo da orientação de dois grupos -OH em carbonos adjacentes e da força da ligação de hidrogénio intramolecular entre eles. Um ângulo OCC no mesmo lado da ligação OC que um grupo hidroxilo é cerca de 4,4 a 5,2° maior do que no lado oposto nos isómeros *scyllo*, *myo* e *neo*. É provável que a ligação de hidrogénio intramolecular seja a razão para o desvio dos ângulos OCC do ângulo tetraédrico regular de 109,5°, análogo ao observado no 1,2-etanodiol.[55-56]

Conformadores	O'H	O H^2	O'll	O H^4	O H^5	O H^{fl}
Scyllo (6e)	eq	eq	eq	eq	eq	eq

Myo (5e/la)	eq	eq	eq	eq	machado	eq
Neo (4e/2a)	eq	machado	eq	eq	machado	eq
Epi (4e/2a)	machado	eq	eq	eq	machado	eq
DL (4e/2a)	machado	machado	eq	eq	eq	eq
Allo (3e/3a)	machado	eq	machado	machado	eq	eq
Cis (3e/3a)	machado	eq	machado	eq	machado	eq
Muco(3e/3a)	machado	eq	eq	eq	machado	machado
l,2eq(2e/4a)	eq	machado	machado	machado	machado	eq
l,3eq(2e/4a)	machado	eq	machado	machado	machado	eq
l,4eq(2e/4a)	ex	machado	eq	machado	machado	eq
le/5a	machado	machado	machado	eq	machado	machado
6a	machado	machado	machado	machado	machado	machado

Tabela 3. 2 Orientação axial (ax) e equatorial (eq) dos grupos hidroxilo em 13 isómeros do inositol.

Os ângulos médios C-C-C-C (torção do anel) em todos os isómeros do inositol variam entre 1,2 e 9,3° (**Tabela 3.4**) e são inferiores aos observados para o scyllo-inositol. Os resultados acima referidos são consistentes com os ângulos CCC que mostram anéis de ciclo-hexano ligeiramente planos em todos os isómeros, exceto no scyllo-inositol. Assim, o achatamento dos ângulos de torção do anel, as diferenças nos comprimentos das ligações C-O e os ângulos CCC em todos os isómeros do inositol estão de acordo com a estereorepulsão que envolve o(s) grupo(s) OH axial(ais).

Ângulos	*6e*	*5e/la*	*4e/2a*			*3e/3a*			*2e/4a*			*le/5a*	*6a*
	Cilindro	*mio*	*neo*	*epi*	*dl*	*allo*	*cis*	*muco*	*1,2 eq*	*l,3eq*	*1,4 eq*		
CSCBCI	110.4	111.5	111.3	110.3	111.0	112.2	114.7	111.0	111.2	111.4	114.5	112.4	112.0
CeCiCi	110.4	110.4	111.7	111.9	111.8	114.9	112.2	112.1	111.9	112.0	112.3	111.9	112.0
C1OC3	110.4	109.5	110.6	115.1	111.6	111.8	114.7	111.4	112.2	111.4	112.4	112.0	112.0
C2C3C4	110.4	110.6	111.3	111.9	111.3	111.6	112.2	110.9	111.2	113.9	114.5	111.1	112.0

C3C4C5	110.4	111.3	111.7	111.1	110.1	110.5	114.7	111.3	111.7	113.1	112.3	112.9	112.0
C4C5C"	110.4	111.2	110.6	109.8	109.9	111.0	112.2	110.9	111.5	113.9	112.4	115.0	112.0
média	110.4	110.7	111.2	111.7	110.9	112.0	113.4	111.2	111.6	112.6	113.0	112.5	112.0

Tabela 3.3 Os ângulos de ligação C-C-C (em graus) nos vários isómeros de inositol optimizados por MP2/6-311+G(d,p).

Ângulos	*6e*	*5e/1a*	*4e/2a*			*3e/3a*			*2e/4a*			*1e/5a*	*6a*
	Scyllo	*mio*	*neo*	*epi*	*di*	*allo*	*cis*	*muco*	*1,2eq*	*1,3eq*	*1,4eq*		
CsCfiCiCi	57.6	56.9	55.7	61.2	54.1	46.5	48.3	53.2	53.1	46.7	48.9	56.2	53.1
C6C1C2C3	57.6	-59.6	-55.1	-61.4	-51.8	-46.5	-48.3	-53.5	-52.6	-46.5	-50.1	-50.9	53.1
C1C2C3C4	57.6	59.3	55.3	53.1	53.9	52.5	48.3	55.1	53.1	50.6	-50.1	46.7	53.1
C2C3C4C5	57.6	-56.4	-55.7	-45.8	-58.2	-59.4	-48.4	-57.2	-54.8	-55.1	-49.0	-46.0	53.1
C C C C_{3456}	57.6	53.1	55.1	45.1	60.0	58.8	48.3	57.0	56.1	55.4	50.1	50.1	53.1
C4C5C6C1	57.6	-53.5	-55.3	-52.4	-58.1	-51.9	-48.4	-54.6	-54.8	-51.2	-50.1	-56.2	53.1
Média	57.6	56.4	55.3	53.1	56.0	52.6	48.3	55.1	54.0	50.9	49.7	51.0	53.1

Tabela 3.4 Os ângulos de torção C-C-C-C (graus) em vários inositóis optimizados por MP2/6-311+G(d,p).

Verifica-se que, ao passar dos isómeros 6e *scyllo* para 6a do inositol, a orientação dos grupos -OH varia consideravelmente, ver **Figura 3.2**. Por exemplo, nos isómeros *scyllo*, *myo*, *neo*, *epi*, *dl* e *cis*, a orientação dos grupos -OH é no sentido dos ponteiros do relógio, ou seja, forma uma rede de ligações de hidrogénio OH(1)-OH(2)-OH(3)-OH(4)-OH(5)-OH(6)-OH(1). No entanto, no isómero dl, a rede de ligações H começa no grupo OH(2) e não há ligações H entre os grupos hidroxilo OH(1) e OH(2) devido às suas posições axiais e adjacentes. No isómero *allo*, os grupos hidroxilo estão orientados no sentido contrário ao dos ponteiros do relógio, formando uma rede de ligações H entre OH(3)- OH(2)-OH(1)-OH(6)-OH(5)-OH(4). No isómero *muco*, a orientação dos grupos -OH é no sentido contrário ao dos ponteiros do relógio, na sequência OH(1)-OH(5)-OH(4)-OH(3)-OH(2)-OH(1), com os grupos OH(6) e OH(1) em posições axiais. No isómero *1,2eq*, os grupos -OH encontram-se no sentido contrário ao dos ponteiros do relógio, na sequência OH(4)-OH(2)-OH(1)-OH(6)- OH(5)-OH(3), com os grupos hidroxilo OH(1) e OH(6) a ocuparem as posições equatoriais. O isómero *1,3eq* tem uma rede de ligações H OH(1) -OH(2)-OH(3)-OH(5)- OH(6)-OH(1) com grupos -OH no sentido dos ponteiros do relógio, em que os grupos OH(1), OH(3), OH(4) e OH(5) se encontram em posições axiais. O isómero *1,4eq* forma duas redes curtas de ligações de H OH(1)-OH(6)-OH(5) e OH(4)-OH(3)- OH(2) no sentido contrário ao dos ponteiros do relógio, em que os grupos OH(1), OH(2), OH(4) e OH(5) se encontram em posições axiais. Os isómeros *1e/5a* e *6a* mostram a orientação dos grupos -OH no sentido dos ponteiros do relógio. No isómero *1e/5a*, a rede de ligações H OH(1)-OH(5)-OH(4)-OH(3)-OH(1) contém todos os grupos -OH em posições axiais, exceto OH(4). Além disso, a ligação H axial-axial OH(6)- OH(1) está presente no isómero *1e/5a*. Duas redes de ligações H OH(1) -OH(5)-OH(3)-OH(1) e OH(2)-OH(6)-OH(4)-OH(2) estão presentes no isómero *6a* com todos os grupos -OH em posições axiais. A presença de ligações de hidrogénio intramoleculares nos inositóis é apoiada por vários estudos, como H[1] RMN, espectros de infravermelhos, estudo de 1,3,5-trideoxi-1,3,5- tris(dimetilamino)-cis inositol (TDCI),[57] estudo da dinâmica de RMN da interconversão de cadeira do *cis-inositol*.[58] A fim de compreender as diferenças nas ligações de hidrogénio intramoleculares entre estes isómeros de inositol, discutimos aqui as distâncias intramoleculares das ligações O--H...O H nestes isómeros de inositol; ver **Tabela 3.5** e **Figura 3.2** para mais pormenores. Como se pode ver na **Tabela 3.5**, as distâncias das ligações de hidrogénio OH.O estão compreendidas entre 1,9 e 2,4 A nestes isómeros do inositol. As distâncias OI I...O na ligação de hidrogénio que envolve dois grupos hidroxilo equatoriais são de cerca de 2,2 a 2,4 A e de 1,9 a 2,3 A para as que envolvem grupos -OH axiais. Isto indica que a ligação de hidrogénio intramolecular que envolve grupos hidroxilo axiais é mais forte do que a que envolve grupos hidroxilo equatoriais. Assim, o grupo hidroxilo axial tem, de facto, um efeito estabilizador, que pode ser a razão para as energias internas mais baixas obtidas para certos isómeros do inositol em comparação com o *scyllo-inositol*. A ordem de intensidade das ligações de hidrogénio intramoleculares é a seguinte Oaxial-I.Oaxial > Oequatorial-I.Oaxial > Oaxial-I.Oequatorial > Oequatorial-I.Oequatorial.

Na **Tabela 3.6** estão listadas as frequências de estiramento O-I não escalonadas calculadas ao nível MP2/6-311+G(d,p). As frequências O-I não escalonadas situam-se entre 3882 e 3729 cm^{-1}. Nestes inositóis, os grupos -OI que não estão envolvidos na ligação I mostram uma frequência de estiramento elevada; por exemplo, o grupo O[1] I do conformador *dl*(4e/2a) tem a frequência de estiramento O-I mais elevada de 3882 cm^{-1}. A frequência média de estiramento O-I dos grupos -OI que formam uma ligação de hidrogénio O-I.O entre os grupos hidroxilo equatoriais é de cerca de 3849 cm^{-1}. A frequência de estiramento O-I diminui ainda mais quando os grupos OI estão envolvidos em interações de ligação de hidrogénio equatorial-axial ou axial-equatorial (~3800 cm^{-1}). Observa-se uma diminuição adicional na frequência de estiramento O-I até 3729 cm^{-1} quando o grupo hidroxilo está envolvido nas ligações de hidrogénio axial-axial. Esta diminuição da frequência (desvio para o vermelho) está de acordo com o encurtamento das distâncias O-I.O ao passar das ligações O-I.O equatorial-equatorial para axial-axial.

	Seyllo		*Neo*	*Epi*	*DI*	*Allo*	*Cis*	*Muco*	*l,2eq*	1,3^	*l,4eq*	*le/5a*	*6a*
O1H...O2	2.381	2.373	2.261	2.247	-	2.075	2.390	2.231	2.222	2.370	-	-	-
O2H...O3	2.381	2.374	2.328	2.292	2.233	2.304	2.061	2.402	-	2.115	2.101	-	2.096
O3H...O4	2.381	2.409	2.358	2.357	2.311	-	2.392	2.345	-	-	2.361	2.071	-
O4H...O5	2.381	2.215	2.261	2.158	2.388	2.295	2.062	2.232	-	-	-	2.317	2.096
OsH-.O®	2.381	2.301	2.328	2.378	2.380	2.309	2.391	-	2.224	2.348	2.101	-	-
O6 H...O1	2.381	2.323	2.358	2.065	2.228	2.234	2.062	-	2.357	2.057	2.362	-	-
							-						

O5H...O3	-	-	-	-	-	-	-	-	1.969	1.967	-	-	-
O2H...O4	-	-	-	-	-	-	-	-	1.957	-	-	-	-
O5H...O1	-	-	-	-	-	-	-	1.944	-	-	-	1.917	2.096
O3H...O1						-						2.028	-
O_6 H...O_2						-						1.903	2.096
O1H...O4							-						2.096
OH...O,							-						2.096

Tabela 3.5 As distâncias intramoleculares das ligações O-H...O H (em Angstrom) nos conformes de inositol optimizados por MP2/6-311+G(d,p).

Assim, a partir da discussão acima sobre as distâncias das ligações H e as frequências de estiramento O-H, conjetura-se que se formam ligações de hidrogénio O-H...O mais fortes quando há mais interações O-H.O axial-axial. Além disso, as ligações O-H.O axial-equatorial também parecem ser mais fortes do que as equatorial-equatorial. As observações da fase gasosa acima referidas, relativas à força das ligações de hidrogénio nos isómeros do inositol, são apoiadas por vários relatórios presentes na literatura.[59,60]

Conformadores	**O*H**	**O H^2**	**O H^3**	**O H^4**	**O H^5**	**O*H**
Scyllo (6e)	**3849.5**	**3849.5**	**3849.7**	**3849.9**	**3849.9**	**3849.9**
Myo (5e/la)	**3849.6**	**3849.8**	**3842.0**	**3817.9**	**3839.4**	**3841.1**
Neo (4e/2a)	**3821.0**	**3840.9**	**3833.2**	**3820.9**	**3840.8**	**3832.9**
Epi (4e/2a)	**3834.4**	**3839.2**	**3837.2**	**3810.1**	**3802.6**	**3808.6**
DL (4e/2a)	**3882.6**	**3822.9**	**3840.7**	**3851.2**	**3839.7**	**3818.7**
Allo (3e/3a)	**3832.6**	**3806.0**	**3848.2**	**3881.6**	**3821.3**	**3828.6**
Cis (3e/3a)	**3859.8**	**3797.9**	**3860.6**	**3798.4**	**3860.0**	**3798.1**
Muco(3e/3a)	**3735.3**	**3795.5**	**3838.1**	**3843.8**	**3812.6**	**3877.0**
l,2eq(2e/4a)	**3827.0**	**3805.9**	**3866.0**	**3768.6**	**3786.8**	**3790.1**
l,3eq(2e/4a)	**3849.0**	**3772.5**	**3729.2**	**3878.3**	**3841.6**	**3806.7**
l,4eq(2e/4a)	**3857.3**	**3877.3**	**3808.6**	**3857.0**	**3877.4**	**3808.8**
le/5a	**3739.9**	**3868.8**	**3765.9**	**3777.0**	**3836.7**	**3790.3**
6a	**3794.8**	**3771.3**	**3794.6**	**3791.9**	**3772.0**	**3791.7**

Tabela 3.6 A frequência de estiramento O-H não escalonada (cm^{-1}) nos conformes de inositol optimizados por MP2/6- 311+G(d,p).

1.1.2 Estabilidade relativa dos isómeros de inositol

A energia absoluta do isómero *scyllo* e as energias relativas de todos os isómeros do inositol em relação ao isómero *scyllo*, calculadas aos níveis MP2 e B3LYP utilizando conjuntos de bases 6-311+G(d,p), são apresentadas na **Tabela 3.7**. Em geral, acredita-se que, no caso dos ciclo-hexanos substituídos, há uma grande tensão estérica se um substituinte estiver presente na posição axial devido às interações butano-gauche do que quando está presente na posição equatorial. Assim, a substituição axial torna a molécula geralmente menos estável (ou mais energética) do que uma molécula substituída equatorialmente. Mas, neste caso, a tendência das energias obtidas ao nível MP2/6-311+G(d,p) revela que *o neoinositol* (com 2 grupos hidroxilo axiais) é mais estável, seguido do *mioinositol* (com 1 grupo hidroxilo axial) e depois do *scyllo-inositol* (com todos os 6 grupos hidroxilo equatoriais). No entanto, a diferença de energia nestes conformadores é muito marginal (~ 0,5 kcal mol^{-1}). Poderá haver outras razões (tais como uma forte ligação de hidrogénio intramolecular devido aos grupos -OH axiais) que podem proporcionar a estabilidade ligeiramente superior de dois e um grupos -OH axiais contendo inositóis (*-neo* e *-myo*) em relação a todos os grupos -OH equatoriais contendo *scyllo-inositol*. Assim, a generalização acima referida também funciona nestes isómeros de inositol, com exceção dos isómeros *-neo* e *-myo*. Estes resultados calculados ao nível MP2 são semelhantes aos calculados ao nível B3LYP, exceto que o isómero *myo* se torna menos estável do que *o scyllo* ao nível B3LYP (cf. **Tabela 3.7**).

Método	45<?	*5e/la*	*4e/2a*			*3e/3a*			*2e/4a*			*5a*	6a
	ScyUo	*Myo*	*neo*	*epi*	*dl*	*allo*	*cis*	*muco*	*1,2eq*	*l,3eq*	*l,4eq*		
MP2(g "s>	-685.69545	-0.54	-0.36	2.52	5.62	4.47	9.80	1.26	2.80	5.28	11.30	7.21	11.40
B3LYP(gás)	-687.42282	0.01	-0.38	3.01	6.45	5.27	9.81	2.26	3.60	6.00	11.50	7.34	11.70
B3LYP(Água)	-687.45997	032	1.42	4.50	16.51	4.70	9.74	2.57	4.86	6.49	6.73	9.53	1935
B3LYP(DMSO)	-687.45667	0.95	0.86	4.53	14.56	4.64	8.57	2.71	4.47	6.11	7.07	8.93	17.18
B3LYP(Metanol)	-687.45596	0.90	1.22	4.06	1439	3.60	9.21	2.45	4.40	6.21	734	9.05	17.02

Tabela 3.7 Energias absolutas calculadas dos *isómeros de scyllo* (em Hartree) e de outros isómeros de inositóis (em kcal mol^{-1}) em relação ao *scyllo-* inositol nas fases gasosa e solvente a vários níveis teóricos e utilizando conjuntos de bases 6-311+G(d,p).

1.1.3 Energias livres

Foi também efectuado o cálculo, utilizando as estruturas moleculares MP2/6-311+G**, das energias livres correspondentes (a 298,15 K) dos inositóis. **A Tabela 3.8** apresenta várias quantidades termodinâmicas, incluindo a energia vibracional de ponto zero (ZPE), a energia térmica (E) e as contribuições de entropia. A tendência da ZPE revela que o inositol com substituição equatorial do *scyllo* (6e) é mais estável em relação aos outros isómeros. No entanto, os outros isómeros são favorecidos em relação ao *scyllo-inositol* quando a entropia é considerada. Todos os isómeros do inositol apresentam estabilidade em relação ao *scyllo-inositol*, exceto o isómero *1,4eq*, em termos de energias térmicas. Mas, se considerarmos as energias globais através da inclusão das energias electrónicas juntamente com as energias térmicas, apenas os inositóis *myo* (com 1 grupo -OH) e *neo* (com 2 grupos -OH) são relativamente mais estáveis do que o *scyllo-inositol*. No caso das energias livres dos inositóis, o *isómero scyllo* apresenta estabilidade em relação a todos os outros isómeros. As quantidades termodinâmicas do inositol ao nível B3LYP na fase gasosa e as energias livres de todos os isómeros em relação ao isómero *-scilo* em vários solventes são também apresentadas nas **Tabelas 3.9** e **3.10**, respetivamente.

1.1.4 Efeitos do solvente nas estabilidades relativas dos inositóis

Os cálculos dos inositóis em fase gasosa mostram que certos inositóis axiais (*neo-* e *mio-inositóis* no caso do nível MP2 e neo-inositol no caso do nível B3LYP) são mais estáveis do que todos os *scyllo-inositol* equatoriais devido à presença de uma ligação de hidrogénio intramolecular mais favorável nos primeiros. Mas, na presença de solvente, a concorrência com a ligação de hidrogénio intermolecular pode alterar a força da ligação de hidrogénio intramolecular

quantidades	*5e/la*	*4e/2a*			*3e/3a*			*2e/4a*			*!e/Sa*	*6a*
	Myo	*neo*	*epi*	*dl*	*allo*	*cis*	*muco*	*l,2eq*	*l,3eq*	*l,4eq*		
AZPF?	0.40	0.80	0.55	0.41	0.54	0.30	0.85	1.13	0.78	0.09	0.94	0.46
AE[e]	-0.16	-0.31	-0.24	-0.15	-0.21	-0.11	-0.35	-0.51	/033	0.002	-0.44	-0.13
-TAS[d]	-0.39	-0.72	-0.58	-0.37	-0.52	-0.30	-0.84	-1.23	-0.83	0.06	-1.11	-0.36
AG	0.61	1.18	0.88	0.62	0.84	0.46	133	1.84	1.27	0.02	1.59	0.68

Tabela 3.8 Quantidades termodinâmicas[a] dos inositóis em relação ao isómero *scyllo*. [a]Calculado a 298,15 K utilizando o método MP2/6-311+G**, em kcal mol^{-1} . [b] Para o scyllo, ZPE = 125,65 kcal mol^{-1} . [c]Soma das energias vibracionais rotacionais, translacionais e térmicas (excluindo ZPE). Para o *scyllo*, Et = 7,68 kcal mol^{-1} . [d]Para o *scyllo*, TS= 31,45 kcal mol^{-1} . [e]Para o *scyllo*, G= 102,47 kcal mol^{-1} .

quantidades	*5e/la*	*4e/2a*			*3e/3a*			*2e/4a*			*le/5a*	*6a*
	Myo	*neo*	*epi*	*dl*	*allo*	*cis*	*muco*	*l,2eq*	*l,3eq*	*l,4eq*		
AZPE"	0.40	0.82	0.60	0.04	0.48	0.32	0.85	1.17	0.85	0.18	1.04	0.69
AE[C]	-0.15	-0.32	-0.25	0.006	-0.20	-0.13	-037	-0.53	-037	-0.04	-0.51	-0.25
-TAS"	-036	-0.74	-0.59	-0.04	-0.46	-0.27	-0.90	-132	-0.91	0.01	-1.27	-0.77
AG	0.60	1.23	0.94	0.08	0.74	0.47	1.38	1.95	139	0.12	1.80	1.20

Tabela 3.9 Quantidades termodinâmicas[a] dos inositóis em relação ao isómero *scyllo*. [a]Calculado a 298,15 K utilizando o método B3LYP/6-311+G**, em kcal/mol. [b]Para o *scyllo*, ZPE= 124,02 kcal/mol. [c]Soma das energias vibracionais rotacionais, translacionais e térmicas (excluindo ZPE). Para o *scyllo*, Et= 7,77 kcal/mol. [d]Para o *scyllo*, TS= 31,67 kcal/mol. [e]Para o *scyllo*, G= 100,71 kcal/mol.

quantidades	*5e/la*	*4e/2a*			*3e/3a*			*2e/4a*			*le/5a*	*6a*
	Myo	*neo*	*epi*	*dl*	*allô*	*cis*	*ntuco*	*l,2eq*	*l,3eq*	*l,4eq*		
AGBiLVPÎÁgua)* ^	**0.94**	**2.61**	**5.38**	**17.13**	**5.54**	**10.21**	**3.41**	**6.71**	**7.76**	**6.76**	**11.13**	**20.03**
âGB3i.vr(DMSO)[M]	**1.56**	**2.05**	**5.41**	**15.18**	**5.51**	**9.04**	**3.55**	**6.32**	**738**	**7.10**	**10.53**	**17.86**

AGiBLve(Etanol)'J	1.51	2.41	4.94	15.01	4.44	9.68	3.29	6.25	7.48	737	10.65	17.70

Tabela 3.10 Energias livres dos inositóis relativamente ao isómero *scyllo* em fase solvente ao nível B3LYP/6-311+G**.

[a]Para o *scyllo*, E(Água)= -687,24748Hatrees, TS= 23,48 kcal/mol e G(Água)=-687,28396 Hatrees.

[b]Para o *scyllo*, E(DMSO)= -687,244182Hatrees, TS= 25,50 kcal/mol e G(DMSO)=-687,283881 Hatrees.

[c]Para o *scyllo*, E(Etanol)= -687,243472Hatrees, TS= 24,48 kcal/mol e G(Etanol)=-687,281539 Hatrees.

[d]Em meio solvente, foram calculadas as energias livres de Gibbs, tendo a entropia translacional sido corrigida com o método desenvolvido por Whitesides et al.(Mammen, M; Shakhnovich, E. I.; Deutch, J. M.; Whitesides, G. M. *J. Org. Chem.* **1998**, *63*, 3821).

que, por sua vez, pode depender da polaridade dos solventes. Em solventes não polares, é provável que a ligação de hidrogénio intramolecular domine, mas, em solventes polares, a concorrência da ligação de hidrogénio intermolecular pode ser mais favorável. Um estudo do efeito do solvente na molécula de glicose intimamente relacionada mostra que a solução aquosa favorece todos os isómeros P substituídos equatorialmente em relação ao isómero a.59 Estudos sobre outros hidratos de carbono semelhantes, que estão relacionados com a estrutura do inositol, também mostram diferenças significativas nas fases gasosa e condensada.[60] Assim, efectuámos cálculos na presença de vários solventes utilizando o campo de reação auto-consistente (SCRF) com o método do continuum polarizável (PCM) ao nível teórico B3LYP. Os cálculos PCM sugerem que o *scyllo-inositol* substituído equatorialmente como *scyllo-inositol* é o inositol mais estável em comparação com os outros isómeros, especialmente os *-myo* e *-neo* inositóis, nos 3 solventes polares (água, DMSO, etanol), ver **Tabela 3.7** para mais pormenores. Isto pode ser atribuído à interação intermolecular favorável soluto-solvente presente no -scyllo em relação a outros grupos -OH axiais que contêm inositóis, onde se espera que a ligação de hidrogénio intramolecular seja mais dominante. Além disso, as hidroxilas no *scyllo-inositol* equatorial estão melhor posicionadas para formar ligações de hidrogénio intermoleculares, apoiadas pelo estudo dos efeitos do solvente na molécula de glucose intimamente relacionada.[59]

A comparação da energia destes isómeros na fase gasosa e nos solventes obtida pelo método B3LYP mostra que a energia global diminui nas fases condensadas. Assim, a presença de solvente polar estabiliza todos os isómeros de inositóis mais do que quando estão presentes no vácuo. Além disso, o *scyllo-inositol* torna-se mais estável em todos os solventes polares devido à interação intermolecular favorável soluto-solvente.

1.1.5 Força das ligações de hidrogénio intramoleculares O-H...O em isómeros de inositol

Como discutido anteriormente, os grupos hidroxilo no inositol estão envolvidos na formação da rede de ligações H intramoleculares OII...O. Aqui, discutimos a energia de cada ligação de hidrogénio individual e o efeito da rede cooperativa na sua força estimada pela abordagem de adaptação molecular proposta no passado recente.[34,61-64] A energia de ligação de hidrogénio estimada para cada ligação de hidrogénio individual na presença da rede cooperativa de ligações H ao nível MP2 é apresentada na **Tabela 3.11**. Nesta tabela, as ligações de hidrogénio individuais são rotuladas com base nos grupos hidroxilo envolvidos e a direccionalidade exacta não é considerada. Por exemplo, a ligação de hidrogénio entre O^1 H e O^2 H no isómero *allo* é rotulada como O^1 H.O^2 na **Tabela 3.11**, embora devesse ser O^2 H.O^1 , de acordo com a **Figura 3.2**. Como se pode ver na **Tabela 3.11**, as energias de ligação de hidrogénio estimadas estão compreendidas entre 1,9 e 3,9 kcal mol^{-1} , o que sugere que os isómeros de inositol apresentam forças variáveis de ligação de hidrogénio. medida que se avança na **Tabela 3.11**, a força das ligações H aumenta; por outras palavras, as ligações de hidrogénio nos isómeros de inositol que envolvem mais grupos equatoriais são relativamente mais fracas. Em geral, a energia estimada da ligação de hidrogénio é a seguinte: Oaxial-H.Oaxial > Oequatorial-H.Oaxial > Oaxial-H.Oequatorial > Oequatorial-H.Oequatorial. Assim, as energias de ligação de hidrogénio estimadas estão de acordo com a força de ligação H discutida anteriormente com base nas distâncias de ligação de hidrogénio e na frequência vibracional. Por exemplo, a energia média de ligação de hidrogénio de uma ligação H no isómero *scyllo* é de cerca de 2,2 kcal mol^{-1} em comparação com o isómero *6a* em que a energia média de ligação de hidrogénio é a maior (3,02 kcal mol^{-1}). Há algumas excepções a esta energia média de ligação de hidrogénio; existem ligações de hidrogénio em alguns destes isómeros em que a energia de ligação H é menor do que no isómero *scyllo* e maior do que no isómero *6a*, apesar de o número de grupos hidroxilo ser menor nas posições equatorial e axial em relação aos isómeros *scyllo* e *6a*, respetivamente. Por exemplo, a força de algumas das ligações de hidrogénio nos isómeros *myo* (O4H...O5), *neo* (01H...02 e 04H...05), etc., é menor do que no isómero *scyllo*, apesar do menor número de grupos equatoriais nos isómeros *myo*, *neo*, *dl* e *allo*. Também a força da ligação de hidrogénio em *muco* (0^5 I.0^1), *1,3eq* (0^2 I.0^3 ,0^5 I.0^3) e *1e/5a* (0^3 I.0^4 ,0^5 I.0^1) é maior do que a energia média da ligação de hidrogénio no isómero *6a* (6 grupos axiais), apesar do menor número de grupos axiais em *muco*, *1,3eq* e *1e/5a*. Existe uma exceção importante à tendência acima descrita para as energias de ligação I, que é o isómero *1,4eq*. No isómero *1,4eq*, a energia da ligação de hidrogénio é muito menor (1,7 a 1,9 kcal mol^{-1}) do que a do isómero *scyllo*, apesar dos quatro grupos hidroxilo axiais no inositol *1,4eq*. A razão para esta força mais fraca das ligações de hidrogénio no transformador *1,4eq* é clara se observarmos a estrutura deste isómero (ver **Figura 3.2**). Como se vê nos isómeros *1,4eq*, apesar dos quatro grupos axiais, existem no total quatro ligações de hidrogénio que envolvem duas interações equatorial.axial e duas axial.equatorial. Assim, a menor energia da ligação de hidrogénio no isómero *1,4eq* pode ser atribuída a uma interação axial.equatorial (ou equatorial.axial) mais fraca do que a da interação axial.axial no isómero *6a*. No entanto, como já foi referido, a interação axial.equatorial (ou equatorial.axial) é, em geral, mais forte do que a interação equatorial-equatorial, pelo que se espera que a força da ligação de hidrogénio no isómero *1,4eq* seja mais forte do que no isómero *scyllo*. A razão para a força da ligação de hidrogénio ser mais fraca no *1,4eq* e noutros isómeros do inositol do que no isómero *scyllo* pode ser atribuída à perda de cooperatividade devido à ligação em rede das ligações de hidrogénio no *1,4eq*, como se verá na secção seguinte.

	Scyllo	*Myo*	*Neo*	*Epi*	*D!*	*Allo*	*Cis*	*Muco*	*l,2eq*	*l,3eq*	*l,4eq*	*le/5a*	*6a*
O|H...O_2	-2.19	-2.17	-1.80	-2.85	-	-1.90	*-233*	-2.91	-3.03	*-2.58*	-	-	■
O2H...O 3	-2.19	-2.13	-2.62	-2.24	-2.76	-3.43	*-2.13*	-2.49	-	*-3.49*	-1.92	-	-3.02
OjH...O <	-2.19	-2.56	-2.64	-2.72	-2.27	-	-232	-2.03	-	-	-1.67	-3.49	-
O4H...O 5	-2.19	-1.90	-1.80	-2.03	-1.98	-1.87	-2.13	-2.82	-	-	-	-2.50	-3.02
OsH...O *	-2.19	-2.71	-2.62	-2.45	-2.56	-2.67	-233	-	-3.00	*-1.98*	-1.92	-	-
O_6 H...Oi	-2.19	-2.96	-2.64	-2.05	-2.03	-2.89	-2.13	-	-2.61	*-1.69*	-1.67	-	-
O4H...O.	■	■	-	-	-	■	■	-	-	-	-	-	-
O,H...O.	■	■	-	-	-	■	■	■	-3.01	*-3.36*	-	-	-
O2H...O 4	-	-	-	-	-	-	-	-	-3.16	-	-	-	-
O5H...O 1	■	■	-	-	-	■	■	-3.84	-	-	-	-3.66	-3.02
O3H...O I	■	■	-	-	-	■	■	-	-	-	-	-2.44	-
O "H...O_2	-	-	-	-	-	-	-	-	-	-	-	-3.03	-3.02

OIH...O 4	■	■	-	-	-	■	■	■	-	-	-	-	-3.02
O1H...O 4	-	-	-	-	-	-	-	-	-	-	-	-	-3.02
SUM	-13.14	-14.43	-14.13	-14.35	-11.61	-12.76	-1337	-14.09	-14.80	-13.10	-7.18	-15.13	- 18.12

Tabela 3.11 Energia de ligação de hidrogénio intramolecular O-H...O para ligações de hidrogénio individuais na presença da rede de ligações de hidrogénio OII...O em vários isómeros de inositol calculada ao nível da teoria MP2/6-311+G(d,p).

1.1.6 O efeito da cooperatividade na força das ligações de hidrogénio intramoleculares O-H...O em isómeros de inositol

Em geral, é um facto aceite que a força de uma ligação de hidrogénio individual é aumentada devido à presença de uma rede interligada de ligações de hidrogénio. Este fenómeno é bem conhecido como o efeito de cooperatividade em Química e Biologia. Neste trabalho, quantificámos este efeito na força das ligações de hidrogénio individuais, estimando a sua energia ao isolar essas ligações da rede, mantendo a geometria global igual à da presença de uma rede cooperativa. Aplicámos esta metodologia no passado recente a vários sistemas de interesse. Para mais pormenores sobre a metodologia geral para estimar a energia do hidrogénio e a contribuição cooperativa, ver ref. 34 e 61-64. Na Tabela 12, apresentamos a energia de ligação de hidrogénio intramolecular OII...O da ligação H individual na ausência de uma rede cooperativa de ligações de hidrogénio ao nível MP2. A diferença entre a soma da energia da ligação H na presença de uma rede cooperativa (cf. **Tabela 3.11**) e na ausência de uma rede cooperativa de ligações H é também apresentada na **Tabela 3.12** como a contribuição cooperativa total. Como se vê na **Tabela 3.12**, a energia da ligação de hidrogénio estimada na ausência de uma rede cooperativa de ligações H é menor do que a respectiva energia na presença de uma rede. Em geral, a contribuição cooperativa é, de facto, substancial (2 a 5 kcal mol^{-1}) nestes isómeros de inositol e verifica-se que aumenta ao longo da **Tabela 3.12**, salvo algumas excepções que são discutidas separadamente. Este aumento das contribuições cooperativas parece depender de dois factores (a) o número de ligações de hidrogénio na rede e (b) a força de cada uma destas ligações. Como foi discutido nas secções anteriores, as ligações de hidrogénio equatorial-equatorial são mais fracas do que as equatorial-axial (ou axial-equatorial) e as ligações de hidrogénio axial-axial são mais fortes. No caso do isómero scyllo, existe uma rede simétrica agradável de ligações de hidrogénio, a contribuição cooperativa é substancial, mas não é suficientemente grande em comparação com outros isómeros. Isto pode ser atribuído ao facto de as ligações H equatorial-equatorial (seis) serem mais fracas (evidente a partir da energia das ligações H na **Tabela 3.11**) neste isómero. A contribuição da cooperatividade aumenta no isómero myo e pode ser atribuída a uma interação equatorial-axial e axial-equatorial mais forte. A contribuição cooperativa nos isómeros *neo* e *epi* é semelhante à do isómero *scyllo* e pode ser devida a algumas das fracas ligações de hidrogénio na rede. Nos isómeros *dl* e *allo*, existem apenas cinco ligações H na rede e, por conseguinte, a contribuição cooperativa é menor do que nos isómeros *scyllo*, *myo*, *neo* e *epi*. A contribuição cooperativa é substancialmente grande (5 kcal mol^{-1}) no isómero cis e pode ser atribuída a uma boa alternância de três ligações H axial-equatorial e três equatorial-axial (total de seis) na rede. Nos isómeros *muco*, *1,2eq* e *1,3eq*, embora existam ligações H axial-axial mais fortes na rede, espera-se que um aumento na contribuição cooperativa seja compensado por ligações de hidrogénio equatorial-equatorial muito mais fracas nas redes. Mais importante ainda, existem apenas cinco ligações H na rede e a contribuição total é menor nestes isómeros. A contribuição cooperativa é quase nula (0,1 kcal mol^{-1}) no isómero *1,4eq*, aparentemente devido à ausência absoluta de ligação em rede (apenas duas ligações de hidrogénio na rede) das ligações H, tal como referido na secção anterior. Esta é a razão pela qual, embora existam ligações H equatorial-axiais e axial-equatoriais no isómero *1,4eq*, a ligação H estimada são as mais baixas neste isómero. A contribuição cooperativa é mais elevada (5,4 kcal mol-1) no isómero *6a*, onde existem ligações H axiais-axiais mais fortes (3 acima e 3 abaixo do anel de ciclo-hexano). Em resumo, as forças das ligações de hidrogénio intramoleculares em todos os isómeros de inositol estudados no presente trabalho são substancialmente aumentadas ou alteradas devido à rede interligada de ligações H. Em geral, a força das ligações de hidrogénio mais fortes (axial-axial) é substancialmente maior do que a das ligações equatorial-equatorial mais fracas. Além disso, as contribuições totais para a cooperatividade dependem do número e da força das ligações H individuais na rede.

	Scy/io	*Myo*	*Neo*	*Epi*	*DI*	*Allo*	*Cis*	*Mu co*	*l,2eq*	*l,3eq*	*l,4eq*	*le/Sa*	*6a*
O1H...O2	-1.73	-1.66	- 1.46	-2.22	-	-1.42	-1.98	-2.40	-2.57	-2.01	-	-	-
O2H...O3	-1.73	-1.61	-2.20	-1.68	-2.54	-2.09	-1.82	-2.02	-	-2.76	-1.90	-	-2.12
O3H...O4	-1.73	-2.23	-2.40	-2.27	-1.78	-	-1.97	-1.50	-	-	-1.64	-2.78	-
O4H...O5	-1.73	-1.55	-1.46	-1.70	-1.41	-1.79	-1.82	-2.35	-	-	-	-2.10	-2.12
O5H...O6	-1.73	-2.23	-1.63	-2.14	-2.20	-2.37	-1.15	-	-2.48	-1.85	-1.90	-	-
O6H...OI	-1.73	-1.83	-2.40	-1.59	-1.95	-2.24	-1.81	-	-2.21	-1.41	-1.64	-	-
O4H...O6	-	-	-	-	-	-	-	-	-	-	-	-	-
O5H...O3	-	-	-	-	-	-	-	-	-3.01	-2.81	-	-	-
O2H...O4	-	-	-	-	-	-	-	-	-2.61	-	-	-	-
O5H...O1	-	-	-	-	-	-	-	-3.20	-	-	-	-	-2.12
O3H...OI	-	-	-	-	-	-	-	-	-	-	-	-2.47	-
OJL..O2	-	-	-	-	-	-	-	-	-	-	-	-1.57	-2.12
O1H...O4	-	-	-	-	-	-	-	-	-	-	-	-3.03	-2.12
O3H...O6	-	-	-	-	-	-	-	-	-	-	-	-	-2.12
SUM	-10.38	-11.11	-11.56	-11.60	-9.86	-9.91	- 10.54	-11.47	-12.88	-10.83	-7.07	-11.95	-12.75
cooperatividade	-2.76	-3.34	-2.57	-2.75	-1.75	-2.85	-5.12	-2.63	-1.92	-2.28	-0.10	-3.17	-5.37

Tabela 3.12 Energia de ligação de hidrogénio intramolecular O-H...O para ligações de hidrogénio individuais na ausência da rede de ligações de hidrogénio OII...O de vários isómeros de inositol calculada ao nível da

teoria MP2/6-311+G(d,p).

3.4 Conclusões

No presente trabalho, as geometrias de todos os treze possíveis conformadores teóricos dos isómeros do inositol são exploradas pela primeira vez ao nível da teoria MP2 correlacionada. Estudos anteriores na literatura referem apenas alguns dos conformadores de menor energia e ignoraram os conformadores com orientação axial dos grupos hidroxilo. Estudámos a estabilidade relativa destes conformadores tanto na fase gasosa como na fase solvente. Verifica-se que, na fase gasosa, os conformadores *-neo* e *-myo* com dois grupos hidroxilo axiais são marginalmente estáveis (por 0,5 e 0,3 kcal mol^{-1}) em comparação com o conformador com todos os grupos hidroxilo equatoriais (*scyllo* inositol). A estabilidade em fase gasosa dos conformadores com o aumento do número de grupos hidroxilo axiais diminui substancialmente. Por exemplo, o conformador *6a* (seis grupos hidroxilo axiais) é desestabilizado em 11,5 kcal mol^{-1} do que o conformador *scyllo* (seis grupos hidroxilo equatoriais).

Estes resultados da fase gasosa também são consistentes com os da fase solvente. O isómero *scyllo* torna-se o mais estável e o isómero *6a* é o menos estável em solventes. Os grupos hidroxilo nestes isómeros de inositol estão envolvidos na formação de uma rede de ligações de hidrogénio intramoleculares OII...O. Em geral, as distâncias das ligações de hidrogénio OII...O são maiores quando dois grupos hidroxilo envolvidos na formação de ligações de hidrogénio se encontram em posições equatoriais. As distâncias de ligação de hidrogénio com grupos hidroxilo com orientações axial-equatorial ou equatorial-axial são geralmente mais curtas do que as com orientações equatorial-equatorial e são mais longas do que as observadas para orientações axial-axial. Estes parâmetros geométricos sugerem que a força das ligações de hidrogénio nestes isómeros de inositol é a seguinte: Oaxial II...Oaxial > Oequatorial II...Oaxial > Oaxial H.Oequatorial > Oequatorial H.Oequatorial. Esta tendência na força da ligação de hidrogénio reflecte-se nas frequências de estiramento O-H correspondentes. Por exemplo, os grupos hidroxilo que não estão envolvidos na formação de ligações de hidrogénio têm a frequência de estiramento O-H mais elevada. A frequência de estiramento O-H diminui substancialmente (desvio para o vermelho) quando os grupos OH estão envolvidos na formação de ligações de hidrogénio mais fortes. A diminuição da frequência (desvio para o vermelho) está de acordo com o encurtamento das distâncias OH..O ao passar de ligações de hidrogénio O-H.O equatorial-equatorial para axial-axial. Para obter mais informações sobre as forças destas ligações de hidrogénio, quantificámos as forças das ligações individuais e o efeito da formação da rede cooperativa nas forças das ligações de hidrogénio em todos os isómeros de inositol. Para este efeito, as energias das ligações de hidrogénio foram estimadas na presença e ausência de redes cooperativas utilizando a abordagem de adaptação molecular. A energia de ligação de hidrogénio estimada na presença de uma rede cooperativa de ligações de hidrogénio situa-se no intervalo de 2,2 a 3,8 kcal mol^{-1} . As energias de ligação de hidrogénio estimadas estão em concordância qualitativa com a tendência acima discutida na sua força de ligação com base nas distâncias de ligação e na frequência vibracional. A contribuição cooperativa estimada é substancial (2 a 5 kcal mol^{-1}) na maioria destes isómeros de inositol e verifica-se que aumenta à medida que passamos de isómeros com mais grupos hidroxilo equatoriais para isómeros com mais grupos hidroxilo axiais. Este aumento das contribuições cooperativas parece depender de dois factores: (a) o número de ligações de hidrogénio na rede e (b) a força de cada uma dessas ligações. Em geral, verifica-se que a força das ligações de hidrogénio aumenta substancialmente devido à interação cooperativa quando os grupos hidroxilo estão envolvidos na formação de ligações H- axiais mais fortes.

Também desejamos atribuir a maior estabilidade do isómero *scyllo* no solvente a ligações de hidrogénio intramoleculares OII...O mais fracas entre grupos hidroxilo equatoriais, o que, por sua vez, pode facilitar uma interação intermolecular favorável. Esta estabilidade está bem correlacionada com a abundância natural dos isómeros do inositol. Em contraste, os isómeros do inositol com grupos hidroxilo axiais estão envolvidos na formação de ligações H relativamente fortes (por exemplo, o isómero *6a*) e, por conseguinte, são menos estáveis devido a factores estéricos avassaladores na fase gasosa e a interações intermoleculares desfavoráveis na fase de solvente. É, de facto, de grande importância compreender esta competição entre as interações intermoleculares e intramoleculares que rege efetivamente a estabilidade relativa destes isómeros de inositol na fase de solvente. Esperamos que um estudo deste tipo possa fornecer informações sobre as propriedades físico-químicas destes importantes sistemas biológicos.

Referências

a) C. J. Cramer, *Essentials of Computational Chemistry: Theories and Models*; John Wiley & Sons: Nova Iorque, **2002**. (b) F. Jensen, *Introduction to Computational Chemistry*; John Wiley & Sons: Chichester, Inglaterra, **1999**. (c) A. Szabo, N. S. Ostlund, *Modern Quantum Chemistry: Introduction to Advanced Electronic Structure Theory*; Dover: Mineola, NY, **1996**.

(a) D.R. Hartree, *Math. Proc. Camb. Philos. Soc.* **1928**, *24*, 89-132. (b) V. Fock, *Z. Phys.* **1930**, *61*, 126-148. (c) J.C. Slater, *Phys. Rev.* **1930**, *35*, 210-211.

M. Born, R. Oppenheimer, *Ann. Phys.***1927**, *84*, 457-484.

J.E. Lennard-Jones, *Trans. Faraday Soc.* **1929**, *25*, 668-676.

(a) C. Moller, M. S. Plesset, *Phys. Rev.* 1934, *48*, 618-622. (b) D. E. Bernholdt, R. J. Harrison, *Chem. Phys. Lett.* 1996, *250*, 477-484. (c) S. Grimme, *J. Chem. Phys.* **2003**, *118*, 9095-9102.

J. Cizek, *J. Chem. Phys.* **1966**, *45*, 4256-4266.

(a) P. Hohenberg, W. Kohn, *Phys. Rev.* **1964**, 136, B864-B871. (b) R. G. Parr, W. Yang, *Density -Functional Theory of Atoms and Molecules,* Oxford University Press, Oxford, **1989**. (c) W. Koch, M. C. Holthausen, *A Chemist's Guide to Density Functional Theory*, Wiley-VCH, Nova Iorque, **2001**.

(a) L. H. Thomas, *Proc. Cambridge Philos. Soc.* **1927**, *23*, 542-548. (b) E. Fermi, *Z. Phys.* **1928**, *48*, 73-79.

W. Kohn, L. J. Sham, *Phys. Rev.* **1965**, *140*, A1133-A1138.

(a) D. C. Langreth, M. J. Mehl, *Phys. Rev. B*, **1983**, *28*, 1809. (b) S. H. Vosko, L. Wilk, M. Nusair, Can. *J. Phys.* **1980**, *58*, 1200-1211.

(a) J. P. Perdew, J. A. Chevary, *et al.*, *Physical Review B.* **1992**, *46,* 6671. *(b)* A. D. Becke, *Physical Review A.* **1988**, *38,* 3098. *(c)* D. C. Langreth, M. J._*Mehl*, *Physical Review B.* **1983**, *28,* 1809.

S. Grimme, *WIREs Comput. Mol. Sci.* **2011**, *1,* 211-228.

S. Grimme, *J. Comput. Chem.* **2004**, *25,* 1463-1473.

R. O. Jones, *Rev. Mod. Phys.*, **2015**, *87,* 897-923.

B. Yang,J. Zheng,H. Kallio, *Food Chemistry* **2011**, *125* 388-396.

R. H. Michell, *Biochem. Soc. Symp.* **2007**, *74,* , 223-246.

(a)N. Asano, *Glycobiology.* **2003**, *13*, 93R-104R,(b)T. D. Heightman,A. T. Vasella, *Angew. Chem.Int.Ed.* **1999**, *38*, 750-770.

(a)A.Toker,L. C. Cantley, *Nature* **1997**, *387*, 673-676,(b)T. Balla,Z. Szentpetery,Y. J. Kim, *Physiology* **2009**, *24*, 231-244,(c)B. V. L. Potter,D. Lampe, *Angew. Chem. Int. Ed. Engl.* **1995**, *34*, 1933-1972 ,(d)S. B. Shears, *Biochimica et Biophysica Ata* **1998**, *1436*, 49-67.

(a)M. Ferguson,A. Williams, *Annu Rev Biochem.* **1988**, *57*, 285- 320,(b)Z. Guo,L. Bishop, *Eur. J. Org. Chem.* **2004**, 3585-3596.

(a)B. V. L. Potter,D. Lampe, *Angew. Chem.* **1995**, *107*, 2085- 2125,(b)R. F. Irvine,M. J. Schell, *Nature Rev.* **2001**, *2*, 327-338.

(a)S. Umezawa, *"Advances in Carbohydrate Chemistry and Biochemistry", Academic Press, New York* **1974**, *30*, 111-182,(b)J. D. Dutcher, *"Advances in Carbohydrate Chemistry", Academic Press, Nova Iorque* **1963**, *18*, 259-308.

I. Vucenik,A. M. Shamsuddin, *J. Nutr.* **2003**, *133*, 3778S-3784S.

D. Fenili,M. Brown,R. Rappaport,J. McLaurin, *J Mol Med (Berl).* **2007**, *85*, 603-11.

(a)N. Chida,S. Ogawa, *Chem. Commun.* **1997**, 807-813,(b)D. R. Gauthier,S. L. Bender, *Tetrahedron Letters* **1996** *37*, 13-16,(c)R. C. Jagdhane,M. S. Shashidhar, *Tetrahedron* **2011**, *67* 7963-7970,(d)K. M. Sureshan,K. Ikeda,N. Asano,Y. Watanabe, *Tetrahedron* **2008**, *64* 40724080.

C. Murali,M. S. Shashidhar,R. G. Gonnade,M. M. Bhadbhade, *Chem. Eur. J.* **2009**, *15*, 261 - 269.

(a)L. Anderson, *"The Carbohydrates", W. Pigman, and D. Horton, Ed., Academic Press, New York* **1972**, 519-79,(b)T. Posternak, *"The Cyclitols", Holden-Day, San Francisco, CA,* **1965**, 431,(c)S. J. Angyal,L. Anderson, *"Advances in Carbohydrate Chemistry", Academic Press, New York* **1959**, *14*, 135-212.

B. Kilbas,M. Balci, *Tetrahedron* **2011**, *67*, 2355-2389.

(a)V. A. Estevez,G. D. Prestwich, *J. Am. Chem. Soc.* **1991**, *113*, 9885- 9887,(b)A. P. Kozikowski,G. Powis,A. Gallegos,W. Tuckmantel, *Bioorg. Med. Chem. Lett.* **1993**, *3*, 1323-

1326,(c)M. Martin-Lomas, *Tetrahedron Lett.* **1994**, *35*, 2969-2972,(d)J. Kiddle, *J.Chem. Rev.* **1995**, *95*, 2189- 2202,(e)J. Gigg,R. Gigg, *Carbohydr. Res.* **1997**, *299*, 77-83.
(a)J. P. Guidot,T. L. Gall,C. Mioskowski, *Tetrahedron Lett.* **1994**, *35*, 6671-6672,(b) D. J. Jenkin,B. V. L. Potter, *J. Chem. Soc., Perkin Trans. 1* **1998**, 41-50,(c) J. Chen,L. Feng,G. D. Prestwich, *J. Org. Chem.* **1998**, *63*, 6511-6522.
(a)T. Hudlicky, *Chem. Rev.* **1996**, *96*, 3-30,(b)B. J. Paul,J. Willis,T. A. Martinot,I. Ghiviriga,K. A. Abboud,T. Hudlicky, *J. Am. Chem. Soc.* **2002**, *124*, 10416-10426,(c)S. Freeman,T. Hudlicky, *Bioorg. Med. Chem. Lett.* **2004**, *14*, 1209-1212.
(a)T. Sawada,R. Shirai,S. Iwasaki, *Tetrahedron Lett.* **1996**, *37*, 885- 886,(b)F. Colobert,A. Tito,N. Khiar,D.Denni,M. A. Medina,M. Martin- Lomas,J.-L. G. Ruano,G. Solladie, *J. Org. Chem.* **1998**, *63*, 8918-8921.
M. A. L. Podeschwa,O. Plettenburg,H. J. Altenbach, *Org. Biomol. Chem.* **2003**, *1*, 1919-1929.
K. S. Kim,J. I. Park,H. K. Moon,H. Yi, *Chem. Commun.* **1998**, 19451946.
(a)G. Mehta,S. S. Ramesh, *Tetrahedron Lett.* **2001**, *42*, 1987- 1990,(b)G. Mehta,S. R. Pujar,S. S. Ramesh,K. Islam, *Tetrahedron Lett.* **2005**, *46*, 3373-3376.
(a)G. A. Jeffrey,H. S. Kim, *Ata Cryst.* **1971**, *B27*, 1812-1817,(b)I. N. Rabinowitz,J. Kraut, *Ata Cryst.* **1964**, *17*, 159-168.
R. A. Wood,V. J. James,S. J. Angyal, *Ata Cryst.* **1977**, *B33*, 22482251.
W. J. Cook,C. E. Bugg, *Ata Cryst.* **1973**, *B29*, 2404-2411.
G. Blank, *Ata Cryst.* **1973**, *B29*, 1677-1683.
L. Yang,Z. Wang,Y. Zhao,W. Tian,Y. Xu,S. Weng,J. Wu, *Carbohydrate Research* **2000**, *329*, 847 - 853.
(a)C. Liang,C. S. Ewig,T. R. Stouch,A. T. Hagler, *J. Am. Chem. Soc.* **1994**, *114*, 3904-3911 ,(b)R. M. Williams,R. H. Atalla, *J. Phys. Chem.* **1984**, *88*, 508-519.
S. J. Lee,S. J. Cho,K. S. Oh,C. Cui,Y. Ryu,Y. T. Chang,K. S. Kim,S. K. Chung, *J. Phys. Chem.* **1996**, *100*, 10111-10115.
P. Yang,P. P. N. Murthy,R. E. Brown, *J. Am. Chem. Soc.* **2005**, *127*, 15848-15861.
S. A. J. Rosen,P. R. J. Gaffney,I. R. Gould, *Phys. Chem. Chem. Phys.* **2011**, *13*, 1070-1081.
(a)M. V. D. Almeida,M. R. C. Couri,J. V. D. Assis,C. P. A. Anconi,H. F. D. Santos,W. B. D. Almeida, *Magn. Reson. Chem.* **2012**, *50*, 608- 614,(b)B. P. Gurale,S. Krishnaswamy,K. Vanka,M. S. Shashidhar, *Tetrahedron* **2011**, *67*, 7280-7288,(c)B. P. Gurale,K. Vanka,M. S. Shashidhar, *Carbohydrate Research* **2012**, *351*, 26-34,(d)K. S. Kim,S. J. Cho,K. S. Oh,J. S. Son,J. Kim,J. Y. Lee,S. J. Lee,S. Lee,Y. T. Chang,S. K. Chung,T. K. Ha,B. S. Lee,I. Lee, *J. Phys. Chem. A* **1997**, *101*, 3776-3783.
(a)D. Voet,J. G. Voet,C. W. Prat, *Fundamentals of Biochemistry, John Wiley and Sons Inc.*, **1998**,(b)T. E. Cerighton, *Proteins, second ed., W.H. Freeman and Company, New York,* **1993**,(c)D. E. Metzler, *Biochemistry, segunda ed., Harcourt Academic Press* **2001**, *1*.
V. Sasisekharan, *Ramanathan, N., editor. Collagen. Wiley & Sons; Nova Iorque* **1962** 39-78.
G. N. Ramachandran,C. Ramakrishnan,V. Sasisekharan, *J Mol Biol.* **1963**, *7*, 95-99.
(a) N. Mandel, G. Mandel, B.L. Trus, J. Rosenberg, G. Carlson, R.E. Dickerson, *J Biol Chem.* **1977**, *252*, 4619-4636. (b) J. S. Richardson, *Adv Protein Chem,* **1981**, *34*, 167-339.
G.N. Ramachandran, V. Sasisekharen, *Adv Protein Chem.* **1968**, *23*, 283-438.
(a) H. Hu, M. Elstner, J. Hermans, *Proteins,* **2003**, *50*, 451- 463. (b) B.K. Ho, A. Thomas, R. Brasseur, *Protein Sci*, **2003**, *12*, 2508 -2522.
(a) D. Walther, F. E. Cohen, *Ata Crystallogr D Biol Crystallogr,* **1999**, *55,* 506 -517. (b) P. Chakrabarti, D. Pal, *Prog Biophys Mol Biol* **2001**, *76*, 1-102.
K. Ho Bosco, B. Robert, *Structural Biology,* **2005**, *5*, 1-11 e respectivas referências.
(a) L. N. Summers, M. K, *Journal of Molecular Biology,* **1990,** *216,* 991-1016. (b) B. K. Ho, E. A. Coutsias, C. Seok, K. A. Dill, *Protein Sci*, **2005**, *14,* 1011-1018.
R. J. Anderson, Z. Weng, R. K. Campbell, X. Jiang, *PROTEINS: Structure, Function, and Bioinformatics*, **2005**, *60*, 679 - 689.
L. Pauling, R. B. Corey, H. R. Branson, *Proc. Natl. Acad. Sci. U. S. A.* **1951**, *37,* 205-211.
(a) M. L. Huggins, *Chem. Rev.* **1943**, *32*, 195-218. (b) S. E. Huston, G. R. Marshall, *Biopolymers*, **1994**, *34*, 75-90.
D. Barlow, J. M. Thornton, *J. Mol. Biol.*, **1988**, *201*, 601- 619.
J. Donohue, *Proc. Natl. Acad. Sci. U. S. A.*, **1953**, *39,* 470-478.
(a) C. Toniolo, G. M. Bonora, et al., *Macromolecules,* 1985, *18,* 895902. (b) G. R. Marshall, E.

E. Hodgkin, et al., *Proc. Natl. Acad. Sci. U. S. A.*, **1990**, *87*, 487-491. (c) I. L. Karle, P. Balaram, *Biochemistry*, **1990**, *29*, 6747-6756. (d) D. F. Kennedy, M. Crisma, C. Toniolo, D. Chapman, *Biochemistry*, **1991**, *30*, 6541-6548. (e) R. A. G. D. Silva, S. C. Yasui, et al., *Biopolymers*, **2002**, *65*, 229-243. (f) B. V. V. Prasad, P. Balaram, *CRC Crit. Rev. Biochem.***1984,** *16,* 307-348.

(a) R. Nagaraj, P. Balaram, *Acc. Chem. Res.***1981**, *14*, 356-362. (b) C. Toniolo, C. Peggion, *et. al., Nat. Struct. Biol.,* **1994**, *1*, 908-914. (c) C. Peggion, F. Formaggio, *et. al., J. Pept. Sci.,* **2003**, *9*, 679-689. (d) M. Crisma, C. Peggion, *et. al., Angew. Chem., Int. Ed.*, **2007**, *46*, 2047-2050.

(a) K. V. Soman, A. Karaimi, D. A. Case, *Biopolymers,* **1991**, *31*, 1351-1361. (b) S. E. Huston, G. R. Marshall, *Biopolymers*, **1994**, *34*, 7590. (c) J. Tirado-Rives, W. L. Jorgenson, *Biochemistry*, **1991**, *30*, 38643871. (d) G. L. Millhauser, *Biochemistry*, **1995**, *34*, 3873-3877.

(a) C. Toniolo, E. Benedetti, *Trends Biochem. Sci.,* **1991**, *16,* 350-353. (b) I. L. Karle, J. L. Flippen-Anderson, R. Gurunath, P. Balaram, *Protein Sci.*, **1994**, *3*, 1547-1555.

T. E. Creighton, *Protiens: Structure and Molecular Properties,* 2nd ed., 1993, W. H. Freeman and Company, New York. **1993**, W. H. Freeman and Company, Nova Iorque.

R. B. Cooley, D. J. Arp, P. A. Karplus, *J Mol Biol,* **2010**, *404*, 232246.

(a) B. K. Vainshtein, M. Adamyan, *et. al., J. Mol. Biol.* **1986**, *188*, 49- (b) C. A. Hasemann, R. G. Kurumbail, *et. al., Structures,* **1995**, *3*, 41-62.

T.M. Weaver, *Protein Science,* **2000**, *9*, 201-206.

(a) B.W Low, H.J. Greenville-Wells, *Proc Natl. Acad.* Sci. U.S.A, **1953**, *39*,785-801.

G. E. Schultz, R. H. Schirmer, *Principles of Protien Structures*, Springer, Nova Iorque, **1979**.

C.A. Rohl, A.J. Doig, *Protein Sci.,* **1996**, *5,* 1687-1696.

L. Pauling, R. B. Corey, *Proc. Natl. Acad. Sci.,* U. S. A., **1951**, *37*, 729740.

(a) I. Ruczinski, C. Kooperberg, R. Bonneau e D. Baker, *Proteins,* **2002**, *48*, 85. (b) Y. L. Zhao, Y. D. Wu, *J. Am. Chem. Soc.*, **2002**, *124,* 1570. (c) A. Perczel, Z. Gaspari, I. G. Csizmadia, *J. Comput. Chem.*, **2005**, *26*, 1155.

(a) F. E. Cohen, M. J. E. Sternberg, W. R. Taylor, *J. Mol. Biol.*, **1981**, *148*, 253-272. (b) J. S. Richardson, *Adv. Protein Chem,* **1981**, *34*, 167-339. (c) A. M. Lesk, C. Chothia, *J. Mol. Biol.*, **1982**, *160*, 325-342. (d) D. N. Woolfson, P. A. Evans, et. al., *Proteins Eng.,* **1993**, *6*, 461-470. (e) P. Bork, L. Holm, C. Sander, *J. Mol. Biol.*, **1994**, *242*, 309-320. (f) A. V. Efimov, *J. Mol. Biol.*, **1995**, *245*, 402-415. (g) C. L. Nesloney, J. W. Kelly, *Bioorg. Med. Chem,* **1996**, *4,* 739-766.

(a) A. Sengupta, R. S. Roy, et. al., *Org. Biomol. Chem.*, **2006**, *4*, 11661173. (b) M. Khurram N. Qureshi, M. D. Smith, *Chem. Commun,* **2006**, 5006-5008. (c) S. V. Jadhav, H. N. Gopi, *Chem. Commun.*, **2013,** *49*, 9179-9181. (d) A. Hassoun, C. M. Grison, et al., *New J. Chem,* **2015**, *39*, 3270-3279. (e) J. H. Lee, H. S. Park, Y. K. Kang, *New J. Chem.*, **2015,** 4640-4646. (f) M. Hagihara, N. J. Anthony, et. al., *J. Am. Chem. Soc.* **1992,** *114*, 6568-6570. (g) M. G. Woll, J. R. Lai, et. al., *J. Am. Chem. Soc.***2001**, *123*, 11077-11078. (h) J. M. Langenhan, I. A. Guzei, S. H. Gellman, *Angew. Chem. Int. Ed.* **2003**, *42*, 2402 - 2405.

N. J. Galant, H. C. Song, et. al., *Chemical Physics Letters*, **2014**, *593,* 48-54.

V. Horvath, Z. Varga, A. Kovacs, *J. Phys. Chem. A*, **2004**, *108*, 68696873.

S. Scheiner, *J. Phys. Chem. B* **2006**, *110*, 18670-18679.

V. M. Kung, G. Cornilescu, S. H. Gellman, *Angew. Chem. Int. Ed.* **2015**, *54*, 14336 -14339.

(a) S. J. Maynard, A. M. Almeida, et. al., *J. Am. Chem. Soc.* **2014**, *136,* 16683-16688. (b) D. L. Minor Jr, P. S. Kim, *Nature*, **1994**, *367*, 660-663. (c) S. Krauthauser, L. A. Christianson, *et. al., J. Am. Chem. Soc.* **1997**, *119,* 11719-11720.

(a) P. N. Cheng, C. Liu, *et. al., Nat. Chem.* **2012**, *4*, 927. (b) S. A. Sievers, J. Karanicolas, *et. al., Nature,* **2011**, *475*, 96.

M. Venkatachalam, *Biopolymers,* **1968**, *6*, 1425-1436.

(a) R. V. Nair, S. B. Baravkar, *et. al., Chem. Commun.*, **2014,** *50*, 13874-13884. (b) S. Aravinda, U. S. Raghavender, *et. al., Org. Biomol. Chem.,* **2013**, *11,* 4220-4231.

(a) P. N. Lewis, F. A. Momany, H. A. Scheraga, *Proc. Natl. Acad. Sci.* U.S. **1971**, *68*, 2293-2297. (b) P. E. Wright, H. J. Dyson, R. A. Lerner, *Biochemistry,* **1988**, *27*, 7167-7175. (c) H. J. Dyson, P. E. Wright, *Curr. Opin. Struct. Biol.* **1993**, *3*, 60-65.

(a) J. S. Richardson, *Adv. Protein Chem,* **1981**, *34*, 167-339. (b) G. D. Rose, L. M. Gierasch, J. A. Smith, *Adv. Protein Chem.* **1985**, *37*, l-109. (c) J. A. Smith, L. G. Pease, *CRC Crit. Rev. Biochem.* **1980**, *8*, 315-399.

J. S. Richardson, D. C. Richardson, *Prediction of Protein Structure and the Principles of Protein Conformation,* G. Fasman, Ed., Plenum Press, Nova Iorque, **1989**, 1-98.
(a) P. Y. Chou, G. D. Fasman, *J. Mol. Biol.,* **1977**, *115*,135-175. (b) M. Levitt, *J. Mol. Biol.,* **1976**, *104*, 59-107. (c) P. N. Lewis, F. A. Momany, e H. A. Scheraga, *Biochem. Biophys. Ata,* **1973**, *303*,211-229.
A. Perczel, M. A. McAllister, P. Csaszar, I. G. Csizmadia, *J. Am. Chem. Soc.,* **1993**, *115*, 4849-4858 .
(a) W. Kabsch, C. Sanders, Biopolymers, **1983**, 22, 2577-2637. (b) J. A. Smith, L. G. Pease, *Crit. Rev. Biochem,* **1980**, *8*, 315-399. (c) A. Perczel, I. Jakli, B. M. Foxman, G. D. Fasman, *Biopolymers*, **1996**, *38*, 723-732. (d) F. Richards, C. Kundrat, *Proteins*, **1988**, *3*, 71-84.
(a) H. J. Dyson, M. Rance, R. A. Houghten, R. A. Lerner, P. A. Wright, *J. Mol. Biol.,* **1988**, *201*,161-200. (b) G. Muller, M. Gurrath, M. Kurz, H. Kessler, *Prot. Struct. Funct. Genet.*, **1993**, *15*,235-251.
(a) L. M. Giierasch, C. M. Deber, *et. al., Biochemistry,* **1981**, *20*, 47304738. (b) K. D. Kopple, K. N. Parameswaran, *Int. J. Pept. Protien Res.*, **1983**, *21*, 269-280. (c) I. L. Karle, M. Sukumar, P. Balaram, *Proc. Natl. Acad. Sci. U. S. A.* **1986**, *83*, 9284-9288. (d) J. Rioz, L. M. Gierasch, *Annu. Rev. Biochem.,* **1992**, *61*, 387-418. (e) I. L. Karle, D. W. Urry, *Biopolymers,* **2005**, *77*, 198-204.
(a) H. J. Bohm, *J. Am. Chem. Soc.,* **1993**, *115,* 6152-6158. (b) A. Perczel, M. Kajtar, J. F. Maroccia, I. G. Csizmadia, *J. Mol. Struct. (Theochem)*, **1991**, *232,* 291-319. (c) D. B. Chesnut, C. G. Phung, *Chem. Phys. Lett.*, **1991**, *183*, 505-509. (d) A. M. Sapse, S. B. Daniels, B. W. Erickson, *Tetrahedron,* **1988**, *44*, 999-1006. (e) O. Antohi, F. Naider, A. M. Sapse, *J. Mol. Struct. (Theochem)*, **1996**, *360*, 99-108. (f) L. Schafer, S. Q. Newton, *et. al., J. Am. Chem. Soc.,* **1993**, *115*, 272-280. (g) C. Van Alsenoy, *et. al., J. Mol. Struct. (Theochem),* **1993**, *286*,149-163.
(a) B. W. Matthews, *Macromolecules*, **1972**, *5*, 818-819. (b) M. A. Holmes e B. W. Matthews, *J. Mol. Biol.*, **1982**, *160*, 623-639.
(a) C. Toniolo, *Crit. Rev. Biochem.***1980**,*9*, 1-44. (b) G. D. Rose, L. M. Gierasch, J. A. Smith, *Adv. Protein Chem.***1985**, *37*, 1-109. (c) E. Vass, M. Hollosi, F. Besson, R. Buchet, *Chem. Rev.***2003**, *103*, 1917-1954.
G. Nemethy, M. P. Printz, *Macromolecules,* **1972**, *5*, 755-758.
E. J. Milner -White, *J. Mol. Biol.*, **1990**, *216*, 386-397.
E. J. Milner -White, B. M. Ross, *et. al., J. Mol. Biol.,* **1988**, *204*, 777782.
I. Alkorta, G. H. Loew, *Protein Eng.,* **1996**, *9*, 573-583.
(a) J. Yang, J. W. Quail, Ata *Crystallogr., Sect. D: Biol. Crystallogr.,* **1999**, *55*, 625-630. (b) L. Kirnarsky, M. Nomoto, *et al., Biochemistry*, **1998**, *37*, 12811-12817. (c) M. J. Yang, J. C. Culhane, *et. al., Nat. Struct. Mol. Biol.*, **2007**, *14*, 535-539.
(a) T. J. Petcher, H.-P. Weber, A. Ruegger, *Helv. Chim. Ata*, **1976**, *59*, 1480-1488. (b) H. R. Loosli, H. Kessler, *et. al., Helv. Chim. Ata*, **1985**, *68*, 682-704. (c) M. Crisma, M. De Zotti, *et. al., New J. Chem*, **2015**, *39*, 3208-3216 e respetivas referências. (d) M. Kaewpet, B. Odell, *et. al., Org. Biomol. Chem.*, **2008**, *6*, 3476-3485.
(a) B. Schmidt, S. Lindman, *J. Med. Chem.***1997**, *40*, 903. (b) I. Alkorta, M. L Suarez, *J. Mol. Model.* **1996**, *2,* 16. c) B. Schmidt, C. KuÈhn, *Synlett*, **1998**, 1240. (d) S. Lindman, G. Lindeberg, *et. al., Bioorg. Med. Chem.* **2000**, *8*, 2375-2383.
(a) F.A. Momany, V.J. Klimkowski, L. Schöfer, *J. Comput. Chem.* **1990**, *11,* 654-662. (b) H. J. Böhm, S. Brode, *J. Am. Chem. Soc.* **1991**, *113* 7129-7135. (c) P. Amodeo, V. Barone, *J. Am. Chem. Soc.* **1992**, *114,* 9085-9093. (d) L. Schäfer, S.Q. Newton, *et. al., J. Am. Chem. Soc.* **1993**, *115*, 272-280. (e) C. Aleman, J. Puiggali, *J. Phys. Chem. B*, **1997**, *101* 3441-3446. (f) D.M. Philipp, R.A. Friesner, *J. Comput. Chem.* **1999**, *20* 1468-1494. (g) R. Vargas, J. Garza, B.P. Hay, D.A. Dixon, J. *Phys. Chem. A.,* **2002**, *106,* 3213-3218. (h) H. Fujitani, A. Matsuura, S. Sakai, H. Sato, Y. Tanida, *J. Chem. Theory Comput.* **2009**, *5*, 1155-1165.
(a) O. Antohi, F. Naider, A. M. Sapse, J. *Mol. Struct. (Theochem.)* **1996**,*360*, 99-108. (b) C. Kapota, G. Ohanessian, *Phys. Chem. Chem. Phys.* **2005**, *7*, 3744-3755. (c) T. Kolev, B. B. Koleva, M. Spiteller, *Amino Acids*, **2007**,*33,* 719-725. (d) B.B. Koleva, T. M. Kolev, S. Todorov, *Chem. Pap.* **2007**, *61,* 490-496. (e) C. Clavaguera, F. Piuzzi, J.P. Dognon, *J. Phys. Chem. B* **2009**, *113*, 16443-16448.
C. Aleman, *J. Phys. Chem.* B **1997**, *101*, 5046-5050.
Y.K. Kang, *J. Mol. Struct. (Theochem)* **2004**, *675*, 37-45.

C. P. Chun, A.A. Connor, G. A. Chass, *J. Mol. Struct. (Theochem)*, **2005**, *729*, 177-184.
S.U. Brijbassi, M.A. Sahai, *J. Mol. Struct. (Theochem)* **2003**, *666-667,* 291-301.
B.B. Koleva, T.M. Kolev, M. Spiteller, *Spectrochim. Ata* **2007**, *68*, 1187-1196.
B.B. Ivanova, *Spectrochim. Ata, Parte A* **2008**, *70*, 324-331.
I. R. Gould, W. D. Cornell, I.H. Hillier, *J. Am. Chem. Soc.* **1994**, *116*, 9250-9256.
A.E. Shields, T. V. Mourik, *J. Phys. Chem. A* **2007**, *111,* 1327213277.
Z. X. Wang, Y. Duan, *J. Comput. Chem.* **2004**, *25*, 1699-1716.
M. F. Masman, S. Lovas, *et. al., J. Phys. Chem. A* **2007**, *111*, 1068210691.
C. Aleman, D. Zanuy , *et. al., J. Phys. Chem. B* **2006**, *110*, 2126421271.
(a) T. Head-Gordon, M. Head-Gordon, M.J. Frisch, C. Brooks III, J. Pople, *Int. J. Quant. Chem.* **1989**, *16,* 311-322. (b) F.A. Momany, V.J. Klimkowski, L. Schöfer, *J. Comput. Chem.* **1990**, *1,* 654-662. (c) S. Scheiner, *J. Phys. Chem. B* **2007**, *111*, 11312-11317. (d) D.M. Philipp, R.A. Friesner, *J. Comput. Chem.* **1999**, *20*, 1468-1494. (e) H.J. Lee, H. J. Jung, *et. al., Chem. Phys.* **2003**, *294*, 201-210. (g) P. Amodeo, V. Barone, *J. Am. Chem. Soc.* **1992**, *114*, 9085-9093.
(a) P. Bour, V. Sychrovsky, *J. Phys. Chem. A* **2002**, *106*, 7321-7327. (b) B. B. Koleva, T. M. Kolev, M. Spiteller, *J. Mol. Struct.* **2008**, *877*, 7988. (c) C. Clavaguéra, F. Piuzzi, J.-P. Dognon, *J. Phys. Chem. B* **2009**, *113*, 16443-16448. (d) M. Budesinsky, P. Danecek, *J. Phys. Chem. A* **2008**, *112*, 8633-8640. (e) S. Ghosh, S. Mondal, A. Misra, S. Dalai, *J. Mol. Struct. (Theochem)* **2007**, *805*, 133-141. (f) S. Mondal, D.S. Chowdhuri, S. Ghosh, A. Misra, S. Dalai, *J. Mol. Struct. (Theochem)* **2007**, *810*, 81-89.
(a) C. Unterberg, A. Gerlach, *et. al., J. Chem. Phys.,* **2003**, *118*,82968300. (b) E. Gloaguen, H. Valdes, *et. al., Phys. Chem. A,* **2010**, *114*, 29732982. (c) R. E. Atwood, J. J. Urban, *J. Phys. Chem. A* **2012**, *116*, 1396-1408.
P. Chaudhuri, S. Canuto, *J. Mol. Struct. (Theochem)* **2002**, *577,* 267279.
(a) J. A. Grant, R. L. Williams, H. A. Scheraga, *Biopolymers,* **1990**, *30*, 929. (b) I. R. Gould, P. A. Kollman, *J. Phys. Chem.* **1992**, *96*, 92559258. (c) B. Zhao, C. Wang, *et. al., Spectrochimica Ata Part A* **2008**, *70*, 301-306. (d) L. Padmaja, C. Ravikumar, *et al., Spectrochimica Ata Part A* **2008**, *71*, 252-262. (e) R. Kaschner, D. Hohl, *J. Phys. Chem. A* **1998**, *102*, 5111-5116.
I. Saada, J. K. Pearson, *Computational and Theoretical Chemistry* **2011**, *969,* 76-82.
(a) D. J. Tobiast, C. L. Brooks III, *J. Phys. Chem.* **1992**, *96*, 38643870. (b) F.F. García-Prieto, I. F. Galvan, *et. al., J. Chem. Phys.* **2011**, *135*, 194502-19450. (c) T. Head-Gordon, M. Head-Gordon, *et. al., J.*
Am. Chem. Soc. **1991**, *113*, 5989-5997. (d) C. Adamo, V. Dillet, V. Barone, Chem. Phys. Lett. **1996**, 263, 113-118.
J.Y. Kim, D. S. Ahn, *et. al., RSC Adv.,***2014**, *4*, 16352-16361.
P. Manavalan, P. K. Ponnuswamy, *Biochem. J.***1977**, *167*, 171-182.
H. W. Hugosson,A. Laio, *et. al., J Comput Chem* **2006**, *27*, 672-684.
S. Dalai, *Journal of Physical Sciences*, **2011**,*15*, 193-208.
G. Das, S. Mandal, *Journal of Molecular Graphics and Modelling* **2014**,*49*, 1-10.
G. Das, *J Mol Model* **2013**, *19*, 1901-1911.
S. Mandal, G. Das, *J Mol Model* **2013**, *19*, 2613-2623.
G. Das, S. Mandal, *Biochemistry Research International*, **2013**, 1-12.
G. Das, *Struct Chem* **2014**, *25*, 873-882.
(a) B. A. Cerda, S.Hoyau, *et. al., J. Am. Chem. Soc.* **1998**, *120*, 2437. (b) T. Wyttenbach, J. E. Bushnell, M. T. Bowers, *J. Am. Chem. Soc.***1998**, *120*, 5098. (c) T. Shoeib, C. F. Rodriquez, *et. al., Phys.Chem. Chem. Phys.* **2001**, *3*, 853. (d) C. H.S. Wong, N. L. Ma, C. W. Tsang, *Chem. Eur. J.* **2002**, *8*, 4909-4918.
H. J. Lee, J. W. Song, *et. al., J. Am. Chem. Soc.* **2002**, *124*, 1188111893.
(a) A. Buczek, R. Walesa, M. A. Broda, *Biopolymers,* **2011**, *97,* 518528. (b) A. Macedowska, D. Siodlak, B. Rzeszotarska, *Ata Biochimica Polonica,* **2006**, *53*, 227-232.
Y. K. Kang, H. S. Park, *J. Phys. Chem. B* **2007**, *111*, 12551-12562 e respectivas referências.
D. J. Hill, M. J. Mio, *et. al., Chem. Rev.* **2001**, *101*, 3893-4011.
(a) T. Hintermann, D. Seebach, *Chimia* **1997**, *51*, 244. (b) D. Seebach, S. Abele, *et al., Chimia* **1998**, *52*, 734. (c) M. D. Disney, D. F. Hook, *Chem. Biodiversity* **2005**, *2,* 1624-1634.
D. F. Hook, F. Gessier, *et. al., ChemBioChem* **2004**, *5*, 691-706 e respectivas referências.
(a) E. Juaristi, *Enantioselective Synthesis of p-Annno Acids*, Ed. Wiley-VCH, Nova Iorque, **1997**. (b) E. Juaristi, D. Quintana, J. Escalante, *Aldrichim. Ata* **1994**, *27*,3. (c) J. Podlech, D.

Seebach, *Angew. Chem., Int. Ed. Engl.* **1995**, *34*, 471.
J. L. Matthews, C. Braun, C. Guibourdenche, M. Overhand, D. Seebach, *Preparação de p-aminoácidos enantiopuros a partir de a-aminoácidos utilizando a homologação Arndt-Eistert, em Síntese enantioselectiva de p-aminoácidos,* ed. E. Juaristi, Wiley-VCH, 1997, 105-126. E. Juaristi, Wiley-VCH, Nova Iorque, **1997**, 105-126.
(a) D. Seebach, S. Abele, Gademann, *et. al., Helv. Chim. Ata* **1998**, *81*, 932. (b) B. W. Gung, Z. Zhu, *J. Org. Chem.* **1997**, *62*, 6100. (c) D. Seebach, K. Gademann, K. Schreiber, *et al., Helv. Chim. Ata* **1997**, *80*, 2033. (d) Y. J. Chung, L. A. Christianson, *et. al., J. Am. Chem. Soc.* **1998**, *120*, 10555. (e) S. Krauthauser, L. A. Christianson, *et al., J. Am. Chem. Soc.* **1997**, *119*, 11719.
(a) X. Daura, W. F. V. Gunsteren, *et. al., Chem. Eur. J.* **1997**, *3*, 1410. (b) X. Daura, B. Jaun, *et. al., J. Mol. Biol.* **1998**, *280*, 925. (c) X. Daura, W. F. V. Gunsteren, A. E. Mark, *Proteins* **1999**, *36*, 269. (d) D. Seebach, J. V. Schreiber, *et. al., Helv. Chim. Ata* **2000**, *83*, 34. (e) X. Daura, K. Gademann, *et. al., J. Am. Chem. Soc.* **2001**, *1223*, 2393. (f) D. H. Appella, L. A. Christianson, *J. Am. Chem. Soc.* **1996,** *118*, 13071-13072. (g) D. H. Appella, L. A. Christianson, *et. al., Nature*, **1997**, *387*, 381-384. (h) L. A. Christianson, M. J. Lucero, *et. al., J. Comput. Chem.* **2000**, *21*, 763-773. (i) R. Gunther, H. J. Hofmann, K. J. Kuczera, *Phys. Chem. B* **2001**, *105*, 5559.
(a) D. Seebach, M. Overhand, *et. al., Helv. Chim. Ata* **1996**, *79*, 913941. (b) D. Seebach, A. K. Beck, D. J. Bierbaum, *Chem. Biodiversity* **2004**, *1*, 1111-1239. (c) M. Rueping, J. V. Schreiber, *et al., Helv. Chim. Ata*
2002, *85*, 2577-2593. (d) D. Seebach, S. Abele, Gademann, *et. al., Angew. Chem., Int. Ed.* **1999**, *38*, 1595-1597. (e) G. Lelais, D. Seebach, *et. al., Helv. Chim. Ata* **2006**, *89*, 361-403. (f) D. Seebach, T. Sifferlen, *et. al., Helv. Chim. Ata* **2002**, *85*, 2877-2917.
(a) D. Seebach, J. L. Matthews, *Chem. Commun.* **1997**, 2015. (b) S. H. Gellman, *Acc. Chem. Res.* **1998**, *31*, 173-180. (c) R. P. Cheng, S. H. Gellman, W. F. DeGrado, *Chem. Rev.* **2001**, *101*, 3219 e respectivas referências. (d) Y. D. Wu, J. Q. Lin, Y. L. Zhao, *Helv. Chim. Ata* **2002**, *85*, 3144-3160 e respectivas referências.
(a) J. M. Fernandez-Santin, J. Aymami, *et al., Nature* **1984**, *311*, 53. (b) J. M. Fernandez-Santin, S. Munoz-Guerra, *et al., Macromolecules* **1987**, *20*, 62. (c) J. Bella, C. Aleman, *et al., Macromolecules* **1992**, *25*, 5225. (d) F. Lopez-Carrasquero, C. Aleman, S. Munoz-Guerra, *Biopolymers* **1995**, *36*, 263.
D. Seebach, P. E. Ciceri, *et. al., Helv. Chim. Ata* **1996**, *79*, 2043.
(a) Y. D. Wu, D. P. Wang, *J. Am. Chem. Soc.* **1998**, *120*, 1348513493. (b) G. Guichard, S. Abele, D. Seebach, *Helv. Chim. Ata* **1998**, *81*, 187. (c) B. W. Gung, D. Zou, *et. al., J. Org. Chem.* **1999**, *64*, 2176. (d) P. I. Arvidsson, M. Rueping, D. Seebach, *Chem. Commun.* **2001**, 649. (e) R. P. Cheng, W. F. DeGrado, *J. Am. Chem. Soc.* **2001**, *123*, 5162.
(a) D. H. Appella, J. J. Barchi, *et. al., J. Am. Chem. Soc.* **1999**, *121*, 2309-2310. (b) J. J. Barchi, X. L. Huang, *et. al., J. Am. Chem. Soc.* **2000**, *122*, 2711-2718.
(a) Y. D. Wu, D. P. Wang, *J. Am. Chem. Soc.* **1999**, *121*, 9352-9362. (b) R. Gunther, H. J. Hofmann, *J. Phys. Chem. B* **2001**, *105*, 5559-5567. (c) X. Daura, W. F. V. Gunsteren, *et. al., Chem. Eur. J.* **1997**, *3*, 1410- 1417.
D. H. Appella, L. A. Christianson, *et. al., J. Am. Chem. Soc.* **1999**, *121*, 7574-7581.
X. Wang, J. F. Espinosa, S. H. Gellman, *J. Am. Chem. Soc.* **2000**, *122*, 4821.
H. S. Lee, F. A. Syud, X. Wang, S. H. Gellman, *J. Am. Chem. Soc.* **2001**, *123*, 7721.
J. D. Winkler, E. L. Piatnitski, *et. al., Angew. Chem., Int. Ed.* **2001**, *40*, 743.
D. W. T. Claridge, M. J. Goodman, *et. al., Tetrahedron Lett.* **2001**, *42*, 4251-4255.
A. Hetenyi, I. M. Mandity, *et. al., J. Am. Chem. Soc.* **2005**, *127*, 547553.
X. Daura, D. Bakowies, *et. al., Eur. Biophys. J.* **2003**, *32*, 661-670.
S. Abele, D. Seebach, *Helv. Chim. Ata* **1999**, *82*, 1559.
D. Yang, J. Qu, *et. al., J. Am. Chem. Soc.* **1999,** *121*, 589.
(a) F. Chen, G. Lepore, M. Goodman, *Macromolecules* **1974**, *7*, 779. (b) H. Yuki, Y. Okamoto, *et. al., J. Polym. Sci. Polym. Chem.* **1978**, *16*, 2237.
(a) H. Bestian, *Angew. Chem., Int. Ed. Engl.* **1968,** *7*, 278. (b) J. Masamoto, K. Sasaguri, *et. al., J. Polym. Sci. A-2* **1970**, *8*, 1703.
J. D. Glickson, J. Applequist, *J. Am. Chem. Soc.* **1971**, *93*, 3276.
(a) D. Seebach, J. L. Matthews, *et. al., Helv Chim Ata* **1997**, *80*, 173. (b) T. D. Clark, L. K. Buehler, M. E. Ghadiri, *J. Am. Chem. Soc.* **1998**, *120*, 651. (c) K. Gademann, M. Ernst, D. Hoyer, D. Seebach, *Angew Chem, Int Ed Engl* **1999**, *38*, 1223.

(a) Y. J. Chung, B. R. Huck, *et. al., J Am Chem Soc* **2000**, *122*, 3995. (b) Y. J. Chung, L. A. Christianson, *et. al., J Am Chem Soc* **1998**, *120,* 10555. (d) D. Seebach, S. Abele, *et. al., Angew Chem Int Ed* **1999**, *38*, 1595.
J.-Qiulin, S. W. Luo, Y. Dongwu, *J. Comput Chem* **2002**, *23*, 15511558.
I. A. Motorina, C. Huel, *et. al., J. Am. Chem. Soc.* **2001**,*123*, 8.
(a) U. Diederichsen, H. W. Schmitt, *Angew. Chem. Int. Ed. Engl.* **1998**, *37*, 302. (b) U. Diederichsen, H. W. Schimitt, *Eur. J. Org. Chem.* **1998**, *827*, 7.
(a) S. Abele, D. Seebach, *Helv. Chim. Ata* **1999**, *82*, 1539. (b) B. R. Huck, J. M. Langenhan, S. H. Gellman, *Org. Lett.* **1999**, *1*, 1717.
(a) G. Lelais, D. Seebach, *Biopolymers* **2004**, *76*, 206. (b) R. Bersohn, M.E. Inhat, *Biochemistry* **1970**, *9*, 4555. (c) D.A. Bullough, C.G. Jackson, *et. al., Biochem. Int.* **1982**, *4* 543. (d) K. Fukushima, T. Arai, *et. al., J. Antibiot.* **1983**, *36,* 1613. (e) N. Sewald, In *Bioorganic Chemistry:*
Highlights and New Aspects; U. Diederichsen, T. K. Lindhorst, B. Westermann, , L. A. Wessjohann, Eds. Wiley: Nova Iorque, **1999**.
M. Sandberg, I.J. Jacobson, *Neurochem.* **1981**, *37*, 1353.
(a) L. Bonfanti, P. Peretto, S. De Marchis, A. Fasolo, *Prog. Neurobiol.* **1999**, *59*, 333-353. (b) K. Gademann, T. Kimmerlin, D. Hoyer, D. Seebach, *J. Med. Chem.* **2001**, *44*, 2460-2468.
(a) S. J. McGlone, P. D. Godfrey, *J. Am. Chem. Soc.* **1995**, *117*, 10431048. (b) M. E. Sanz, A. Lesarri, *et. al., J. Am. Chem. Soc.* **2006**, *128*, 3812-3817. (c) N. A. Piro, R. S. Stein, J. D. Roberts, *J. Phys. Org. Chem.* **2004**, 17, 418-422. (d) F. Gregoire, S. H. Wei, *et. al., J. Am. Chem. Soc.* **1998**, *120*, 7537-7543.
(a) P. A. Nielsen, P. O. Norrby, *et. al., J. Am. Chem. Soc.* **2000**, *122*, 3151-3155. (b) M. Ramek, M. Flock, *et. al., J. Mol. Struct.* **1992**, *276*, 6181. (c) G. A. Heal, P. D. Walker, *et. al., Can. J. Chem.***1996**, *74*, 16601670. (d) A. Galano, J. R. Alvarez-Idaboy, *ARKIVOC* **2005**, *vi*, 7 - 18. (e) S. X. Tian, *J. Phys. Chem. A* **2006**, *110*, 3961-3966. (f) S. X. Tian, *J. Phys. Chem. A* **2006,** *110*, 4256-4259. (g) S. X. Tian, J. Yang, *J. Chem. Phys.* **2007**, *126*, 141103.
J. C. Dobrowolski, J. E. Rode, J. Sadlej, *Computational and Theoretical Chemistry* **2011**, *964*, 148-154.
A. K. Thakur, P. Venugopalan, R. Kishore, *Biochemical and Biophysical Research Communications* **2000**, *273*, 492- 498.
A. K. Thakur, R. Kishore, *Biopolymers* **2000**, *53*, 447- 454.
A. K. Thakur, R. Kishore, *Tetrahedron Lett.* **1999**, *40,* 5091-5094.
A. K. Thakur, P. Venugopalan, R. Kishore, *J. Peptide Res.*, **2000**, *56,* 55-58.
G. Valle, G. M. Bonora, C. Toniolo, *Gazz. Chim. ltal.* **1984**, *114*, 341.
(a) R. Kishore, *Tetrahedron Lett.* **1996**, *37*, 5747-5750. (b) Ashish, S. Banumathi, *et al., Tetrahedron,* **1999**, *55*, 13791-13804.
A. K. Thakur, R. Kishore, *Tetrahedron Lett.* **1998**, *39*, 9553-9556.
A. Aubry, M. Murraud, *Biopolymers* **1989**, *28*,109 -122.
V. Pavone, B. Di Blasio, *et. al., J. Chem. Soc. Perkin. Trans. II,* **1992**, 1233-1237.
C. Aleman, S. Leon, *Journal of Molecular Structure (Theochem)* **2000**, *505,* 211-219.
K. Mohle. R. Gunther, *et. al., Biopolymers,* **1999**, *50*, 167-184.
T. Beke, I. G. Csizmadia, A. Perczel, *J. Comput. Chem.* **2004**, *25*, 285-307.
F. Fulop, *Chem. Rev.* **2001**, *101*, 2181-2204.
(a) A. Keresztes, E. Birkas, *et. al., Peptides* **2011**, *32*, 722-728. (b) A. Keresztes, M. Szucs, *et. al., J. Med. Chem.* **2008**, *51*, 4270-4279.
(a) F. Fulop, T. A. Martinek, G. K. Toth, *Chem. Soc. Rev.* **2009**, *35,* 323-334. (b) A. M. Bruckner, H.W. Schmitt, U. Diederichsen, *Helv. Chim. Ata* **2002**, *85*, 3855-3866.
(a) D. H. Appella, L. A. Christianson, *et. al., J. Am. Chem. Soc.* **1999**, *121,* 6206-6212. (b) I. M. Mandity, L. Fülöp, *et. al., Org. Lett.* **2010**, *12,* 5584-5587. (c) N. V. Nagy, S. V. Doorslaer, *et. al., Inorg. Chem.* **2012**, *51,* 1386-1399.
F. Sussman, M. C. Villaverde, *et. al., J. Phys. Chem. B* **2009**, *113*, 9669-9680.
(a) W. S. Horne, S. H. Gellman, *Acc. Chem. Res.* **2008**, *41*, 13991408. (b) A. Hayen, M. A. Schmitt, *et. al., Angew. Chem. Int. Ed.* **2004**, *43,* 505 -510 e referências aí contidas.
U. Strijowski, N. Sewald, *Org. Biomol. Chem.,* **2004**, *2*, 1105-1109.
N. V. Nagy, S. V. Doorslaer, *et. al., Inorg. Chem.* **2012**, *51*, 1386-1399.
A. J. Karlsson, W. L. Pomerantz, *et. al., ACS Chem. Biol.* **2009**, *4*, 567-579.

(a) W. C. Pomerantz, N. L. Abbott, S. H. Gellman, *J. Am. Chem. Soc.* **2006**, *128*, 8730-8731. (b) W. C. Pomerantz, V. M. Yuwono, *et. al., J. Am. Chem. Soc.* **2011**, *133*, 13604-13613.
D. Seebach, A. Jacobi, *et. al., Helvetica Chimica Ata,* **2000**, *83*, 2115-2140.
S. H. Choi, M. Ivancic, *et. al., Eur. J. Org. Chem.* **2013**, 3464-3469.
T. Beke, C. Somlai, A. Perczel, *Journal of Computational Chemistry,* **2005**, *27*, 20-38.
F. Sussman, M. C. Villaverde, *et. al., J. Phys. Chem. B* **2009**, *113*, 9669-9680.
M. J. Berridge, *Nature,* **1993**, *361*, 315.
S. B. Shears, *Biochem. J.*, **1989**, *260*, 313.
A. Toker e L. C. Cantley, *Nature,* **1997**, *387*, 673.
R. F. Irvine e M. J. Schell, *Nat. Rev. Mol. Cell Biol,* **2001**, *2*, 327.
A. Toker, *Cell. Mol. Life Sci.*, **2002**, *59*, 761.
Vanhaesebroek, S. Leevers, K. Ahmadi, J. Timms, R. Katso, P. C. Drisscoll, R. Woscholski, P. J. Parker e M. D. Waterfield, *Annu. Rev. Biochem,* **2001**, *70*, 535.
S. B. Shears, *Biochim. Biophys. Ata*, **1998**, *1436*, 49.
A. L. Frank e P. N. M. Pushpalatha, *Plant Sci.,* **2000**, *150*, 1.
S. Umezawa, *Advances in Carbohydrate Chemistry and Biochemistry*, Academic Press, Nova Iorque, **1974**.
J. D. Dutcher, *Advances in Carbohydrate Chemistry*, Academic Press, Nova Iorque, **1963**.
B. Jonathan, L. Joseph, F. Mendel, A. Alex, L. Daniel e R. H. Belmaker, *Am. J. Psychiatry,* **1995**, *152*, 1084.
A. D. Genazzani e S. Aprati, *Gynecol. Endocrinol,* **2012**, *28*, 969.
I. Vucenik e A. M. Shamsuddin, *J. Nutr.,* **2003**,*133*, 3778S.
D. Giordano, F. Corrado, A. Santamaria, S. Quattrone, B. Pintaudi, A. D. Benedetto e R. D'Anna, *Menopause,* **2011**,*18*, 102.
B. Tse e Y. Kishi, *J. Am. Chem. Soc.,* **1993**, *115*, 7892.
D. R. Gauthier e S. L. Bender, *Tetrahedron Lett.,* **1996**, *37*, 13.
N. Chida e S. Ogawa, *Chem. Commun.,* **1997**, 807.
. Tomatus, T. S. Sayaka, Y. Iwao, K. Yoshiaki, Y. Kazue e C. Noritaka, *J. Org. Chem.,* **2002**, *67*, 2874.
. Ken-ichi, A. Shoji, S. Naoki, O. Tadatsugu, K. Tomokazu, S. Hirotsugu e Y. Juji, *J. Org. Chem.*, **2005**, *70*, 7496.
L. Min, W. Anmei e Z. Peijie, *Tetrahedron Lett.,* **2006**, *47*, 37073710.
C. J. Rajendra e S. S. Mysore, *Tetrahedron,* **2011**, *67*, 7963.
T. Steiner, W. Hinrichs, W. Saenger e R. Gigg, *Ata Crystallogr., Sect. B: Struct. Sci.,* **1993**, *49*, 708.
C. Murali, M. S. Shashidhar, R. G. Gonnade e M. M. Bhadbhade, *Chem. Eur. J.*, **2009**, *15*, 261.
P. Sarah, K. K. Gabriele, D. L. Matthew e E. L. Simon, *Chem. Commun.,* **2011**, *47*, 4799.
M. Amorin, L. Castedo e J. R. Granja, *J. Am. Chem. Soc.*, **2003**,*125*, 2844.
K. S. Vijayalakshmi e V. S. R. Rao,*Proc. Indian Acad. Sci.*,**1973**, *77*, 83-91.
L. Congxin, S. E. Carl, R. S. Terry e T. H. Arnold, *J. Am. Chem. Soc.,* **1994**, *116*, 3904.
V. D. A. Mauro, R. C. C. Mara, V. D. A. João, P. A. A. Cleber, F. D. S. He'lio e W. B. D. Almeida, *Magn. Reson. Chem.,* **2012**, *50*, 608.
W. Pigman e D. Horton, *Carbohydrates*, Academic Press, Nova Iorque, **1972**.
E. L. Eliel, N. L. Allinger, S. J. Angyal e G. A. Morrison, *Conformational Analysis*, Interscience, Nova Iorque, **1965**.
T. R. Lomer, A. Miller e C. A. Beevers, *Ata Crystallogr.,* **1963**,*16*, 264.
G. A. Jeffrey e S. H. Kim,*Carbohydr. Res.*, **1970**, *15*, 310.
R. M. Williams e R. H. Atalla, *J. Phys. Chem.*, **1984**, *88*, 508.
M. M. Deshmukh, S. R. Gadre e L. J. Bartolotti, *J. Phys. Chem. A*, **2006**, *110*, 12519.
K. Babu, V. Ganesh, S. R. Gadre e N. E. Ghermani, *Theor. Chem. Acc.,* **2004**, *111*, 255.
S. R. Gadre, K. Babu e V. Ganesh, em *Actas do Seminário NRB,* ed. S. N. Maheshwari, *Viva Books*, Nova Deli, 2005. S. N. Maheshwari, Viva Books, Nova Deli, **2005**.
S. R. Gadre e V. Ganesh, *J. Theor. Comput. Chem.,* **2006**, *5*, 835.
S. R. Gadre, R. N. Shirsat e A. C. Limaye, *J. Phys. Chem.,* **1994**,*98*, 9165.
V. Ganesh, R. K. Dongare, P. Balanarayan e S. R. Gadre, *J. Chem. Phys.*, **2006**, *125*, 104109/1.
K. Ishimura, P. Pulay e S. A. Nagase, *J. Comput. Chem.,* **2006**, *27*, 407.
K. Ishimura, P. Pulay e S. Nagase, *J. Comput. Chem,* **2007**, *28*, 2034.

T. Clark, J. Chandrasekhar, G. W. Spitznagel e P. V. R. Schleyer, *J. Comput. Chem.*, **1983**, *4*, 294.
W. J. Hehre, L. Radom, P. V. R. Schleyer e J. A. Pople, *Ab Initio Molecular Orbital Theory*, Wiley, Nova Iorque, **1986**.
A. D. Becke, *J. Chem. Phys.*, **1993**, *98*, 5648.
K. Kim e K. D. Jordan, *J. Phys. Chem.*, **1994**, *98*, 10089.
C. Lee, W. Yang e R. G. Parr, *Phys. Rev.*, **1988**, *B37*, 785.
S. Miertus, E. Scrocco e J. Tomasi, *Chem. Phys.*, **1981**, *55*, 117.
C. Maurizio, B. Vincenzo, C. Roberto e T. Jacopo, *Chem. Phys. Lett.*, **1996**, *255*, 327.
V. Barone, M. Cossi, B. Mennucci e J. Tomasi, *J. Chem. Phys.*, **1997**, *107*, 3210.
M. T. Cances, B. Mennucci e J. Tomasi, *J. Chem. Phys.*, **1997**, *107*, 3032.
V. Barone, M. Cossi e J. Tomasi, *Comput. Chem.*, **1998**, *19*, 404.
M. J. Frisch,et al., Gaussian Inc., PA, Pittsburgh, **2003**; M. J. Frisch, G. W. Trucks, H. B. Schlegel, G. E. Scuseria, M. A. Robb, J. R. Cheeseman, G. Scalmani, V. Barone, B. Mennucci, G. A. Petersson, H. Nakatsuji, M. Caricato, X. Li, H. P. Hratchian, A. F. Izmaylov, J. Bloino, G. Zheng, J. L. Sonnenberg, M. Hada, M. Ehara, K. Toyota, R. Fukuda, J. Hasegawa, M. Ishida, T. Nakajima, Y. Honda, O. Kitao, H. Nakai, T. Vreven, J. A. Montgomery, J. E. Peralta, F. Ogliaro, M. Bearpark, J. J. Heyd, E. Brothers, K. N. Kudin, V. N. Staroverov, T. Keith, R. Kobayashi, J. Normand, K. Raghavachari, A. Rendell, J. C. Burant, S. S. Iyengar, J. Tomasi, M. Cossi, N. Rega, J. M. Millam, M. Klene, J. E. Knox, J. B. Cross, V. Bakken, C. Adamo, J. Jaramillo, R. Gomperts, R. E. Stratmann, O. Yazyev, A. J. Austin, R. Cammi, C. Pomelli, J. W. Ochterski, R. L. Martin, K. Morokuma, V. G. Zakrzewski, G. A. Voth, P. Salvador, J. J. Dannenberg, S. Dapprich, A. D. Daniels, O. Farkas, J. B. Foresman, J. V. Ortiz, J. Cioslowski e D. J. Fox, Gaussian 09, Revisão B.01, Gaussian, Inc., Wallingford, CT, **2010**.
H. A. Bent, *J. Chem. Phys.*, **1960**, *33*, 1258.
H. A. Bent, *Chem. Rev.*, **1961**, *61*, 275.
P. I. Nagy, W. J. Dunn, G. Alagona e C. Ghio, *J. Am. Chem. Soc.*, **1991**, *113*, 6719.
M. A. Murcko e R. A. Dipaola, *J. Am. Chem. Soc.*, **1992**, *114*, 10010.
K. Hegetschweiler, I. Emi, W. Schneider e H. Schmalle, *Helv. Chim. Ata,* **1990**, *73,* 97.
K. Dhl e L. Huang, *Carbohydr. Res.,***1991**, *215*, 351.
S. Ha, J. Gao, B. Tidor, J. W. Brady e M. Karplus, *J. Am. Chem. Soc.*, **1991**, *113*, 1553.
D. French e J. W. Brady, *Computer Modeling of Carbohydrate Molecules,* ACS Symposium Series No. 430, American Chemical Society, Washington, DC, **1990**.
M. M. Deshmukh, L. J. Bartolotti e S. R. Gadre, *J. Phys. Chem. A,* **2008**, *112*, 312.
M. M. Deshmukh e S. R. Gadre,*J. Phys. Chem. A,* **2009**, *113*, 7927.
M. M. Deshmukh, L. J. Bartolotti e S. R. Gadre,*J. Comput. Chem.,* **2011**, *32*, 2996.
J. K. Khedkar, M. M. Deshmukh, L. J. Bartolotti, S. R. Gadre e S. P. Gejji, *J. Phys. Chem. A,* **2012**, *116*, 3739.
(a) P. Hohenberg, W. Kohn, *Phys. Rev. B* **1964**, *136*, B864-B871. (b) W. Kohn, L. Sham, *J. Phys. Rev. A* **1965**, *140*, A1133-A1138. (c) R. G. Parr, W. Yang, *Density-Functional Theory of Atoms and Molecules,* Oxford University Press, Nova Iorque **1989**.
M. Born, R. Oppenheimer, *Ann. Phys.* 1927, *84*, 457-484.
D. C. Langreth, M. J. Mehl, *Phys. Rev. B* **1983**, *28*, 1809.
(a) A. D. Becke, *J. Chem. Phys.***1993**, *98*, 5648-5652. (b) P. J. Stephens, F. J. Devlin, C. F. Chabalowski, M. J. Frisch, *J. Phys. Chem.* **1994**, *98*, 11623-11627.
(a) A. D. Becke, *Phys. Rev. A* **1988**, *38*, 3098-3100. (b) A.D. Becke, *J. Chem. Phys.* **1993**, *98*, 1372-1377.
C. Lee, W. Yang, R. G. Parr, *Phys. Rev. B* **1988**, *37*, 785-789.
V. Magnasco, Post-Hartree-Fock Methods, em Methods *of Molecular Quantum Mechanics: An Introduction to Electronic Molecular Structure,* John Wiley & Sons, Ltd, Chichester, UK **2009**.
(a) D.R. Hartree, *Proc. Cambridge Philos. Soc.* **1928**, *24*, 89-110. (b) V. Fock, *Z. Phys.* **1930**, *61,* 126-148. (c) J.C. Slater, *Phys. Rev.* **1930**, *35*, 210-211.
C. Moller, M. S. Plesset, *Phys. Rev.* **1934**, *48*, 618-622.
H. Gordon, Martin, *Chemical Physics Letters* **1988**, *153*, 503-506.
(a) I. N. Levine, *Quantum Chemistry*, Prentice Hall, New Delhi, **1995**. (b) A. Szabo e N. S. Ostlund, *Modern Quantum Chemistry*, McGrawHill, Nova Iorque, **1989**.
E. R. Davidson e D. Feller, *Chem. Rev.* **1986**, *86*, 681.

A. Lang, A. K. Fuzery, T. Beke, P. Hudaky e A. Perczel, *Journal of Molecular Structure (Theochem)* **2004**, *675*, 163-175.
B. Roux, T. Simonson, *Biophys. Chem.* **1999**, *78*, 1-20.
(a) R. Constanciel, R. Contreras, *Theoret. Chim. Ata (Berl.)* **1984**, *65*, 1-11. (b) T. Mineva, N. Russo, M. Toscano, *Int. J. Quant. Chem.* **1995**, *56*, 663-668.
(a) B. Mennucci, Polarizable continuum model. *WIREs Comput Mol Sci,* **2012**, *2*, 386-404. (b) B. Mennucci, J. Tomasi, R. Cammi, J.R. Cheeseman, *et. al., J. Phys. Chem.* **2002**, *106*, 6102-6113.
S. Miertus, E. Scrocco, J. Tomasi, *Chem. Phys.* **1981**, *55*, 117-129.
(a) M. Cossi, V. Barone, R. Cammi, J. Tomasi, *Chem. Phys. Lett.* **1996**, *255*, 327-335. (b) J. Tomasi, M. Persico, *Chem. Rev.* **1994**, *94*, 2027-2094. (c) E. Cance, B. Mennucci, J. Tomasi, *J. Chem. Phys.* **1997**, *107*, 3032- 3041. d) V. Barone, M. Cossi, J. Tomasi, *J. Comput. Chem.* **1998**, *19*, 404417.
(a) M. Cossi, N. Rega, G. Scalmani, V. Barone, *J. Chem. Phys.* **2001**, *115*, 5691-5701. (b) M. Cossi, G. Scalmani, N. Rega, V. Barone, *J. Chem. Phys.* **2002**, *117*, 43-54.
(a) M. Orozco, F. J. Luque, *Chem. Rev.* **2000**, *100*, 4187-4226. (b) C. Curutchet, M. Orozco, J. F. Luque, *J. Comput. Chem.* **2001**, *22*, 11801193.
C. L. Liu, *Elements of Discrete Mathematics,* McGraw-Hill, Nova Iorque, **1985**.
(a) S. R. Gadre, R. N. Shirsat, A. C. Limaye, *J. Phys. Chem.* **1994**, *98*, 9165. (b) V. Ganesh, R. K. Dongare, P. Balanarayan, S. R. Gadre, *J. Chem. Phys.* **2006**, *125*, 104109. (c) S. R. Gadre,V. Ganesh, *J. Theor. Comput. Chem.* **2006**, *5*, 835. (d) A. P. Rahalkar, V. Ganesh, S. R. Gadre, *J. Chem.*
Phys. **2008**, *129*, 234101. (e) S. R. Gadre, K. V. J. Jose, A. P. Rahalkar, *J. Chem. Sci.* **2010**, *122*, 47. (f) A. P. Rahalkar, S. D. Yeole, S. R. Gadre, *Theor. Chem. Acc.* **2012**, *131*, 1095. (g) S. D. Yeole, N. Sahu, S. R. Gadre, *Phys. Chem. Chem. Phys.* **2012**, *14*, 7718. (h) S. D. Yeole, S. R. Gadre, *J. Chem. Phys.* **2011**, *134*, 084111.
(a) S. D. Yeole, S. R. Gadre, *J. Chem. Phys.* **2010**, *132*, 094102. (b) A. P. Rahalkar, S. D. Yeole, V. Ganesh, S. R. Gadre, In *Linear Scaling Techniques in Computational Chemistry and Physics,* editado por R. Zalesny, M. G. Papadopoulos, P. G. Mezey, J. Leszczynski, Springer, Heidelberg, **2011**.
(a) K. Babu, S.R. Gadre, *J. Comput. Chem.* **2003**, *24*, 484. (b) K. Babu, V. Ganesh, S. R. Gadre, N. E. Ghermani, *Theor. Chem. Acc.* **2004**, *111*, 255. (c) S. R. Gadre, K. Babu, V. Ganesh, In *Recent Trends in Practice and Theory of Information Technology*: Proceedings of NRB Seminar, editado por S. N. MaheshwariiViva Books, New Delhi, **2005**. (d) N. Sahu, S. D. Yeole, S. R. Gadre, *J. Chem. Phys.* **2013**, *138*, 104101.
A. P. Rahalkar, V. Ganesh, S. R. Gadre, *J. Chem. Phys.* **2008**, *129*, 234101.
(a) M. M. Deshmukh, L. J. Bartolotti, S. R. Gadre, *J. Phys. Chem. A* **2008**, *112*, 312-321. (b) M. M. Deshmukh, C. H. Suresh, S. R. Gadre, *J. Phys. Chem. A* **2007**, *111*, 6472-6480. (c) M. M. Deshmukh, S. R. Gadre, L. J. Bartolotti, *J. Phys. Chem. A* **2006**, *110,* 12519-12523. (d) M. M. Deshmukh, S. R. Gadre, *Phys. Chem. A*, **2009**, *113*, 7927-7932.

MIX
Papier aus verantwortungsvollen Quellen
Paper from responsible sources
FSC® C105338

Printed by Books on Demand GmbH, Norderstedt / Germany